So ein Hundeleben

Hans Peter Albert

So ein Hundeleben!

Auf sechs Beinen hinter wilden Schweinen

Erfahrungen, Episoden und Gedanken
eines Schweißhundführers, Jägers und Wildhändlers

Ich wünsche mir,
dass dieses Buch so viele Käufer oder sogar Leser findet,
damit meine Frau auch einmal Unrecht hat.

Sie sagt:
„Du gehst brotloser Kunst nach
und vergeudest nur deine Zeit!“

**Bibliografische Information
der Deutschen Bibliothek**

Die Deutsche Bibliothek verzeichnet diese Publikation
in der Deutschen Nationalbiografie; detaillierte bibliografische Daten
sind im Internet über http://dnb.ddb.de abrufbar.

ISBN: 978-3-87314-488-0

Inhalt

Vorwort

Mit der Fähigkeit, Werkzeuge herzustellen und damit wilde Tiere zu töten, begann das bewusste Menschsein. Zum Auffinden und Erlegen des Wildes bedurfte es abstrakten Denkens und Planens, wozu das Tier nicht fähig ist. Der Mensch ist weder Carnivore noch Herbivore, sondern Omnivore. Ohne die Jagd war der Mensch auf Aas angewiesen, weil er kein Wild reißen konnte. Erfolgreich war der Urmensch nur in der Gruppe und er hat sich schon sehr früh aus dem Wolf einen wichtigen Gefährten herangezogen und über Abertausende von Jahren abgerichtet, den Hund. Die Jagdwissenschaftlerin Dr. Sigrid Schwenk hat gesagt: „Die Geschichte der Menschheit ist eine Geschichte der Jagd." Man kann den Gedanken weiter führen mit: „Die Geschichte der Jagd ist eine Geschichte des Hundes".

Nachdem die Jagd nicht mehr für das Überleben notwendig war, wurde die genetisch fixierte Beschäftigung zu einem Vergnügen. Der spanische Philosoph Ortega y Gasset sagt: „Die glückhafte Beschäftigung, die der normale Mensch am meisten geschätzt hat, ist die Jagd." Deren Beliebtheit führte zu Privilegien und Jagdregalen, meist zu Lasten der vom Lande karg lebenden Bauern. In der jagdgeschichtlich überschaubaren Zeit bis gegen Ende des 19ten Jahrhunderts spielten die Interessen des Wildes und der Umwelt so gut wie keine Rolle. Die Hege des Wildes diente der Steigerung des Vergnügens seiner Erlegung bis hin zu Perversionen, wie dem Zusammenlappen der Tiere und dem Treiben in einen Lauf, an dessen Ende das Wild von Tribünen zusammen geschossen wurde. Beim Zusammentreiben waren die Hunde unentbehrliche Helfer.

Bei den herrschaftlichen Parforcejagden im 17ten und 18ten Jahrhundert wurden bestimmte Hirsche mit einer großen Hundemeute so lange gejagt, bis sie sich den Hunden stellten oder vor Erschöpfung zusammenbrachen. Um einzelne Hirsche zu bestätigen oder vom Rudel weg zu lancieren, also zu separieren, züchtete man besonders wertvolle fährtentreue Leithunde, aus denen unsere heutigen Schweißhunde hervorgegangen sind, zuvörderst der Hannoversche Schweißhund. Der Rüdemeister eines herrschaftlichen Hundezwingers und die Besuchsknechte (von „suchen"), die Führer der Leithunde, standen in hohem Ansehen.

Erst zu Ende des 19ten Jahrhunderts entdeckte man die Reize von Naturnähe, von Beobachtung und stillem Erlebnis. Hermann Löns war der Wegbereiter für das, was Friedrich von Gagern mit „Stunde und Stimmung" ausdrückte. Man wurde sich bewusst, dass die jagdbaren Wirbeltiere ein Schmerzempfinden haben, eine sensitive Tierseele. Das äußert sich akustisch im Klagen des Wildes bei Verletzungen. Beim Begriff Waidgerechtigkeit wurde erst zu dieser Zeit die humane Beziehung zum bejagten Tier in den Vordergrund gerückt. Es genügte nicht mehr, ein hirschgerechter Jäger zu sein, der vor allem im 18ten Jahrhundert ein kunstvolles, kompliziertes, eher schon gekünsteltes Brauchtum pflegte, wo das jagdbare Wild zwar gehegt, oft „umhegt" wurde, aber eigentlich nur, um vergnüglich jagen zu können. Kurfürstliche Parforcejagden und Reiherbeizen mit großem Aufwand sind gerade im Raume Köln-Bonn, dem Kottenforst und dem Königsforst, der Heimat des Autors, wichtiger Bestandteil der Geschichte. Erst viel später wurde das kompromisslose Nachsuchen kranken Wildes fester Bestandteil unseres Waidwerks.

1894 wurde der Verein Hirschmann gegründet, der die Führer des Hannoverschen Schweißhundes vereinigt, 1902 folgte die Gründung des Klubs für Bayerische Gebirgsschweißhunde. Beide kümmern sich um die Reinzucht und die gerechte Führung ihrer Schweißhunde

Die Schweißhundeführer, die krankes Wild verfolgen, um dessen Leiden zu beenden, sind für mich besonders edle Vertreter der Jägerzunft. Ursprünglich war die Nachsuchenarbeit überwiegend bei Förstern und Berufsjägern angesiedelt; sie konnten und können immer noch, wenn auch im geringen Umfang, einen Teil ihrer Nachsuchenarbeit im dienstlichen Umfeld absolvieren. Dennoch opfern sie unendlich viel Freizeit, besonders zu Lasten ihre Familien, für die harte und bei Sauen mitunter auch gefährliche Nachsuchenarbeit. Wer einen firmen Schweißhund haben will, muss jede sich bietende Gelegenheit zur Nachsuche wahrnehmen. Besonders hervorheben muss man die Schweißhundeführer, die nicht beruflich mit diesem Metier verbunden sind. Bei ihnen geht jede Nachsuche zu Lasten ihrer Freizeit; sie kann nur von beruflich Unabhängigen wahrgenommen werden.

Einer dieser ist Hans-Peter Albert und er ist Jemand, der sich unauffällig im Hintergrund hält. Manche interessante Nachsuche habe ich als sein Spannmann erleben dürfen. Er hat sich in seiner Schweißhundeführerkarriere mit vielen Problemhunden befasst und sie – leger gesagt – zurechtgebogen. Wohltuend ist, dass er in seinem Buch schonungslos auch viele seiner eigenen Fehler beschreibt, das unterscheidet das Werk von andren gleicher Couleur. Hans-Peter Albert weiß ganz offensichtlich, dass Fehlerlosigkeit unmenschlich ist. Aber er ist und bleibt dabei Rheinländer von Geburt und Neigung. Der Humor kommt bei seinen Schilderungen nicht zu kurz; von meiner persönlichen Lebensauffassung her: Gottlob!

Mögen viele Jäger dieses Buch mit Freude, aber besonders mit Nachdenklichkeit lesen und aus Vielem für ihre eigene waidgerechte Jagdausübung die notwendigen Schlüsse ziehen zum Wohle der Wildtiere und des Waidwerks!

Kottenforst im September 2014
Norbert Happ

Zu diesem Buch

Nahezu ein halbes Jahrhundert habe ich nun nachgesucht. Dennoch ist dies kein Buch über nach überstandenen Strapazen und langen Hetzen erfolgreich beendeten Nachsuchen. Acht Hannoversche Schweißhunde, eine Brandlbracke und ein Rauhaarteckel waren nach meinem Jägerleben ohne Hunde meine Begleiter.

Ina Peters, die lange Zeit für die Vermittlung von Schweißhunden des „Verein Hirschmann“ zuständig war, bin ich sehr dankbar, dass sie mir zeitnah einige Male zu einem neuen Hund verholfen hat. Dass dabei einige „Problemhunde“ waren, hat für mich im Nachhinein eine besondere Bedeutung bekommen.

Auch heute noch gilt mein größtes Interesse, wenn ich erfahre, dass ein Führer Probleme mit seinem Schweißhund hat und aus Erfahrung kann ich sagen, dass es fast immer Lösungen gibt.

Leider ist Ina Peters viel zu früh verstorben.

Anstatt von schwierigen Nachsuchen möchte ich vielmehr von Erfahrungen mit meinen Hunden und Erlebnissen, die ich – auch mal links und rechts neben der Wundfährte – mit so manchem Zeitgenossen – zumeist Jägern – hatte.

Es würde mich freuen, wenn sie, lieber Leser, aus der ein- oder anderen Geschichte einen Nutzen ziehen oder sie erheitern könnte.

Einleitung

Vor vielen Jahren lebte einmal ein junger Jäger. Mit seinem Vetter jagte er in dem wunderschönen Eifelrevier Brandscheid.

Eines Tages keimte in ihm der Wunsch, sich einen Schweißhund anzuschaffen, keinen Terrier, Wachtelhund oder eine andere Rasse, sondern einen richtigen Schweißhund. Er hatte einmal einen Rothirsch krankgeschossen, ihn mit einem Teckel nachgesucht, nicht gefunden und der Hirsch war elend verludert. In Zukunft wollte er für solche Fälle besser gerüstet sein.

Der Jäger hatte großes Glück, denn zu jener Zeit waren die Ansprüche, die die maßgeblichen Herren des „Verein Hirschmann" an den Bewerber für einen Hund stellten, offenbar noch nicht so hoch wie heute. Er hätte nämlich nicht viel vorweisen können, denn er war weder Förster noch Berufsjäger, mit Recht die klassischen Berufe für Schweißhundführer. Es gab wirklich keinerlei Gewähr dafür, dass für ihn jemals eine ausreichende Anzahl an Nachsuchen anfiele und dass aus ihm und seinem Hund einmal etwas Ordentliches werden könnte. Trotzdem bekam er einen Hannoverschen Schweißhund, selbstverständlich mit Papieren und sogar mit einer guten Vorprüfung.

Anlässlich einer Jahreshauptversammlung des „Verein Hirschmann" im Harz gab es einen Vorfall, der dem Jäger zu denken gab. Die Pfostenschau stand bevor, und die Führer mit ihren Hunden warteten auf ihren Auftritt. Die ganze Elite der Schweißhundführer war angetreten, zu jener Zeit ein kleiner, überschaubarer Kreis. Unser Jäger war als Erstlingsführer dabei. Zwei Männer in Forstuniform gingen zu einigen Hunden; und einer von ihnen gab Erklärungen über Abstammung und Leistungsvermögen ab. Er schien jeden Hund genau zu kennen. Wer diese Männer waren, wusste der Jäger noch nicht, er nahm ja zum ersten Mal an einer Hauptversammlung teil. Dann kamen sie zu seinem Hund. Er selbst stand, offenbar unbemerkt, ein paar Meter abseits und spitzte die Ohren. „Was ist das denn für ein Hund?“ hörte er die Frage. „Ach, der ist nichts!“ kam die Antwort, und schon gingen die beiden Männer zum nächsten Hund weiter.

Für viele Aussagen hätte der Jäger Verständnis gehabt: „Der Hund ist noch jung und hat wenig Erfahrung, er ist in Händen eines Erstlingsführers, da muss man einmal abwarten und kann noch nicht viel sagen“ oder dergleichen. „Der Hund ist nichts“ war aber die Aussage eines anerkannten und hochgeschätzten Schweißhundführers. Diese Bemerkung musste erst einmal verdaut werden.

Glücklicherweise erwies sich die negative Beurteilung des Hundes zwei Jahre später als falsch. Der Jäger zog bei allen seinen nachfolgenden Schweißhunden daraus den Schluss, nie einen Hund aufzugeben, auch wenn es in der ersten Zeit massive Probleme gab. Diese Einstellung hat sich gelohnt! Im Nachhinein konnte er sogar froh über die vorschnelle Beurteilung seines Hundes sein, hatte diese ihn doch gelehrt, selbst sehr vorsichtig mit Urteilen zu sein, nicht nur bei Hunden.

Die Geschichte nahm übrigens ein glückliches Ende. Aus dem Hund wurde noch ein guter Schweißhund und aus dem Jäger ein recht brauchbarer Schweißhundführer.

Will heute jemand einen Schweißhund mit Papieren erwerben, so wird er wahrscheinlich nicht so viel Glück haben wie der Jäger in unserer Geschichte.

Die Hürden sind recht hoch und ein Jäger fällt schnell durchs Raster. Bei einigen wird dieses als Arroganz der Vereine aufgefasst, was es aber sicher nicht ist.

Was kann ein Interessent machen, wenn die etablierten Vereine für Schweißhunde es abgelehnt haben, ihm einen Hund zu geben oder er sich erst gar nicht traut, an diese heranzutreten, weil er eine Absage befürchtet?

Die Praxis ist bekannt: Entweder holt er sich einen Hund aus einem Dissidenzverein, bei dem die Messlatte nicht so hoch hängt, im Ausland oder einen Hund ohne Papiere. Aus diesem Dilemma scheint es keinen Königsweg zu geben.

Sollten der „Verein Hirschmann“ oder der „Klub für Bayerische Gebirgsschweißhunde“ ihre Ansprüche an die Bewerber für einen Hund herunterschrauben und vielleicht einige Welpen mehr züchten, selbst auf die Gefahr hin, dass einige nicht genügend Arbeitsmöglichkeit bekommen und keine wirklich erstklassigen Schweißhunde werden? Schließlich hat auch nicht jeder „richtige“ Schweißhundführer 1 oder mehr Nachsucheneinsätze im Jahr, wie es sicher wünschenswert wäre.

Würden die Schweißhundführer, die wenig Arbeit für ihre Hunde haben und damit auch wenig Erfahrung erwerben können, mit einem erfahrenen und viel beschäftigten Gespann zusammenarbeiten, könnte man doch darüber nachdenken.

Hunde mit Papieren der etablierten Vereine bedeutet Anbindung der Besitzer an diese. Hunde ohne oder mit dubiosen Papieren stehen meist im Abseits, weitgehend ohne jagdliche Einsatzmöglichkeit. Es gibt dafür einen Markt und bei einigen Jägern besteht großes Interesse am Erwerb eines Schweißhundes. Die Frage ist, wer den Bedarf deckt. Hoffentlich überlässt man diesen Markt nicht allzu sehr den Züchtern, die zum Teil mit zur Zucht untauglichen Hunden ohne Papiere, HD-Untersuchung und Leistungsnachweisen züchten.

Leider trifft man mitunter Schweißhunde, meist Bayerische Gebirgsschweißhunde, die nicht einmal in Jägerhänden sind und nur als schöne und liebenswerte Begleithunde gehalten werden.

Wahrscheinlich werden sie in ihrem ganzen Leben mit keinem Stück Wild in Berührung kommen, von Nachsucheneinsätzen einmal ganz abgesehen.

Man kann sicher davon ausgehen, dass ein von einem Zuchtverein abgelehnter Jäger nicht gut auf diesen zu sprechen ist. Im schlimmsten Fall verschließt er sich sogar der Zusammenarbeit mit anderen Schweißhundführern.

Das kann von niemandem gewollt sein und ist der Sache wirklich nicht dienlich.

Jugenderinnerungen

Von Kindheit an habe ich mich für Tiere interessiert, für alle, die vor mir die Flucht ergriffen, wegliefen oder -schwammen, fortflogen oder sich verkrochen. Ich fing alles, was sich fangen ließ: Frösche und Salamander im Tümpel, Stichlinge und Schlammbeißer im nahen Bach und Eidechsen auf einer Sanddüne.

Nachdem ich meine Beute gebührend bewundert hatte, bekamen sie ihre Freiheit wieder.

Eidechsen fing ich aus einem ganz besonderen Grund: Mit ihnen konnte ich Geld verdienen.

Meinem Elternhaus gegenüber wohnte der Oberkreisdirektor von Bergisch Gladbach, Herr Linder. Eines Tages legte er sich einen wunderschönen Steingarten an. Ich hatte eine Eidechse gefangen, ein Prachtexemplar, und zeigte sie ihm. Er machte ein bewunderndes Gesicht und schien nachzudenken. „Peterchen, da haste aber en schöne Eidechs, kann ich dir die nit abkaufen?“ Für 25 Pfennig wechselte sie den Besitzer. „Kannste da nit noch mehr von fangen?“

Die nächsten Tage pilgerte ich so oft es ging zur „Düne“, einem Berg aus feinstem, weißen Sand, ganz in der Nähe unseres Hauses, fing Eidechsen, brachte sie Herrn Linder und besserte so mein Taschengeld auf. Es gab allerdings Preisabschläge für nicht so große und nicht so schöne Exemplare, das waren gemeinhin die weiblichen.

Auf der „ Düne“ wurden Eidechsen aber bald seltener und immer scheuer. Irgendwann lohnte sich dann die Jagd nicht mehr. Dafür tummelten sie sich jetzt im Steingarten und waren Herrn Linders ganzer Stolz.

Einmal erblickte ich eine Eidechse, die sich etwas außerhalb von Linders Zaun sonnte. Wem die wohl gehörte? Ich überlegte: Wo sie jetzt liegt, gehört sie niemand, wenn ich sie fange, gehört sie mir und heute Nachmittag wieder Herrn Linder.

Die Jagd um Linders Zaun lohnte sich und meine Einnahmen stiegen wieder.

Eines Tages sagte er zu mir: „Peterchen, ich muss mal unbedingt mit dir reden. Du verkaufst mir fast jeden Tag en Eidechs, aber die werden nit mehr. Haste da en Erklärung für?“ Er war anscheinend kein Dummer und mir tatsächlich hinter die Schliche gekommen. „Peterchen, du bis ja en richtig Schlitzohr!“

Fortan fing ich keine Eidechsen mehr in der Nähe des Steingartens.

Ich glaube, Herrn Linder hat unser Handel trotzdem riesigen Spaß gemacht.

Wann immer es eben ging, fuhr ich mit Tante und Onkel in die Eifel, wo diese das Revier Hollnich gepachtet hatten. Die Jagdgepflogenheiten waren allerdings ganz anders als heute, es war mehr Fleisch- als Trophäenjagd. So zierte manch junger Kronenhirsch das Jagdzimmer und landete nicht auf dem Speicher, weil man bei der Trophäenschau rote Punkte befürchtete. Dagegen kannten wir keine Kirrungen. Tagsüber fährteten wir stundenlang die Felder ab. Wo man eine Gelegenheit sah, ein Stück Wild zu erlegen, wurde angesessen, in einem schnell gebauten Schirm, auf einem der Hochsitze oder auch mal in einem ausgehobenen Erdloch, wenn der Wind es erforderte. Eigentlich war das eine sehr ursprüngliche Art zu jagen.

Es gibt sicher eine Reihe guter Gründe, die gegen die damalige Praxis sprechen und ich möchte sie nicht verteidigen, aber sie war ehrlich. Kein Jäger musste einen nach heutiger Sicht falsch geschossenen Hirsch verschwinden lassen, weil er irgendwo ein paar Zentimeter im Geweih übersehen hatte.

Eines Tages brachte Onkel Peter den Bayerischen Gebirgsschweißhund Feng mit nach Hause, fortan nur der guuute Feng genannt. Ich kann nicht sagen, ob er edelster Abstammung war oder ein Zufallsprodukt und auf irgendeinem Bauernhof das Licht der Welt erblickte, illegal, ohne Personalausweis, abstammend von Eltern ohne Rang und Namen. Darüber habe ich mir damals keinerlei Gedanken gemacht, es wäre mir auch egal gewesen.

Jedenfalls war es ein sehr schöner und ausgesprochen gutmütiger und somit liebenswerter Hund. Es war meine erste Begegnung mit einem „richtigen" Schweißhund oder richtiger, dem Hund einer richtigen Schweißhundrasse.

Nach kurzer Lehrzeit, in der er einige Tupffährten arbeiten musste, die ich zusammen mit Onkel Peter nach den neuesten Erkenntnissen der Hundeausbildung gelegt hatte, ging er nahtlos in Rente, denn leider hatten wir keine Arbeit für ihn. Jedenfalls kann ich mich nicht daran erinnern, dass jemals über eine richtige Nachsuche erzählt wurde, was sicher der Fall gewesen wäre, hätte es denn eine solche gegeben. Dafür konnte der guuute Feng aber nichts.

Trotzdem hatte er sicher ein schönes, wenn auch nicht erfülltes Schweißhundleben.

Tante Käthe hatte in ihrem Revier in Hollnich im Schnee einen Überläufer geschossen. Ich hatte Weihnachtsferien und durfte mit auf die Hütte. An den Feierlichkeiten, dem Tottrinken, durfte ich aufgrund meiner Jugend noch nicht teilnehmen. Zum Glück änderte sich das aber später.

Nachdem ausgiebig gegessen und auch wohl ein wenig getrunken wurde, sagte der Jagdaufseher Peter Jansen zu später, treffender zu früher Stunde: „Ich hab´ genug, ich muss heim zu meiner Lotte." Er verabschiedete sich und wir hörten ihn mit seinem Motorrad wegfahren. Der Weg bis zu seinem Haus betrug Luftlinie vielleicht 200 Meter, aber da hätte er über einen Acker fahren müssen. Über den geräumten Weg zu seinem Haus war es ein kleiner Umweg.

Als ich morgens aus dem Fenster blickte, sah ich den Jagdhüter mitten auf dem Acker liegen. Er wollte wohl den kürzesten Weg nehmen und war mit seinem Motorrad querbeet gefahren, umgekippt und eingeschlafen. Er lag halb unter seiner Maschine. Vielleicht wollte er sich mit ihr zudecken, damit ihm nicht kalt wurde. Als wir ihn weckten, war er gleich putzmunter. Das war schon ein harter Bursche, der Peter. Lotte muss das wohl gewusst haben. sonst hätte sie ihn sicher nicht geheiratet.

Die Jägerprüfung, wie ich sie mit 15 Jahren abgelegt habe, war noch kein „grünes Abitur." Es gab lediglich einen Vorbereitungskurs, bei der Prüfung nur einen Frageteil und ein Tontaubenschießen. Eine schriftliche Prüfung und Kugelschießen fanden nicht statt.

Bevor mein erster Jugendjagdschein ausgehändigt wurde, musste ich allerdings noch ein halbes Jahr warten, ich war ja noch keine 16 Jahre alt. Das war aber weiter kein Problem. Manche Dinge im Leben kann man erfreulicherweise auch ohne Legitimation recht gut erledigen.

Vor der Jägerprüfung gab es ein Erlebnis, das mich mein ganzes Leben bewog, sehr vorsichtig mit Waffen umzugehen.

Das erste Übungsschießen war angesetzt. Mit der Flinte hatte ich keinerlei Erfahrung, mit der Kugel dagegen schon einiges an Wild erlegt.

Ich bekam die Merkel Bockflinte meines Vetters in die Hand, der mit mir die Jägerprüfung ablegen wollte, und sollte mich zum Schießen fertig machen. Ich lud eine Schrotpatrone – nur eine – in den Lauf. Vorschriftsmäßig hielt ich den zur Erde, klappte den Schaft hoch und schoss dem Prüfer, Dr. Conen, eine Ladung Schrot zwei Meter vor die Füße. Beim Zuklappen der Waffe war ich mit dem Zeigefinger an den Abzug gekommen! Er wurde kreidebleich, ich ganz gewiss auch.

Zum Glück war nichts passiert. Dr. Conen war wesensfest und nicht schussscheu. Großzügig ließ er mich weiterschießen und schickte mich nicht nach Hause.

Jagdfieber

Tante Käthe, Vetter Rolf und ich „piddelten“ tagsüber in deren Hollnicher Revier auf Niederwild. Was wir schossen, kam in die Pfanne.

Bei Mond wachte – und oft genug schlief – ich zwischen den Kartoffelreihen und wartete auf Sauen. Dabei war interessant, dass diese ganz bestimmte Sorten bevorzugten, andere aber vollkommen ignorierten.

Kam ich nachts nicht zum Schuss, blieb ich, bis im Dorf die Kirchenglocken läuteten, die Hähne krähten oder die Lerchen stiegen. Es war eine wunderschöne Zeit!

Abends saß ich beizeiten auf einem der Hochsitze an der Feldkante, genoss die Stimmung der hereinbrechenden Dämmerung und lauschte dem Konzert der Vögel, bis diese nach und nach verstummten. Zuerst schwiegen die Amseln. Dann war noch eine Zeit lang der zarte, melancholische Gesang der Rotkehlchen zu hören. Als letztes verstummte das wunderschöne Lied der Singdrossel oder doch noch ein einsames Rotkehlchen.

Jeder Jäger kennt und genießt diese Stimmung, wenn die Geräusche des Abends denen der Nacht weichen. Ein Waldkauz ruft. In der Ferne schreckt ein Reh. Der Jäger weiß, warum zu dieser Zeit ein Reh schreckt.

Nach einiger Zeit knackt es im Bestand. Dann ist Ruhe. Wenig später knackt es wieder leise, jetzt schon näher. Sauen!

Ob sie herauskommen? Ob ein „passendes“ Stück dabei ist? Warum geht auf einmal der Puls so schnell?

Auf der Wiese erscheinen zwei dunkle Wildkörper. Sauen, mit bloßen Augen schemenhaft zu erkennen. Das Nachtglas verrät noch drei Frischlinge, höchstens 20 Kilo schwer.

Der Jäger versucht, einen der Frischlinge ins Zielfernrohr zu bekommen. Wäre doch nur das Licht besser. Jetzt ist Charakterfestigkeit gefragt. Was ist ein „passendes" Stück? Das schwächste, das stärkste, jedes?

Ist ein Schuss unter diesen Lichtverhältnissen auf diese Entfernung zu vertreten?

Wohin schießt er? Hinter die Teller? Die Grenze ist nicht weit, das Stück muss liegen. Oder weiß er um die Risiken von solchen Schüssen?

Zwei Bachen mit nur drei Frischlingen? Unwahrscheinlich. Oder waren es ursprünglich einmal mehr, und einige sind dem Raubtier Mensch zum Opfer gefallen? Bestimmt ist eines der großen Stücke ein Keiler.

Ereilt den „Probekeiler" die Kugel eines Jägers, der nur an die Jagdkasse, den Wildschaden und die Schweinepest denkt? Wird sein Schuss augenblicklich töten oder dem Wild eine qualvolle Nacht bereiten?

Vielleicht sitzt dort aber gerade ein Jäger, der auf keinen Fall eine Bache schießen will, dem fünfzig Prozent Keiler zu wenig sind, und deshalb den Finger gerade lässt und „nur" den Anblick und die Stimmung genießen kann.

Wird er selber nachsuchen, wenn das Stück nicht liegt oder einen Schweißhund anfordern obwohl er am nächsten Tag wegen einer Jagdeinladung keine Zeit hat?

Lehrgeld

Bei noch gutem Büchsenlicht hatte ich abends einen älteren Eissprossenzehner beschossen. Ich war 19 Jahre alt, es ist also mehr als ein halbes Jahrhundert her.

Im Schuss hatte sich der Hirsch etwas gedreht, trotzdem war ich mir sicher, gut abgekommen zu sein. Offensichtlich schwerkrank, verschwand er nach 50 Metern im Bestand. Gewiss würden wir ihn am nächsten Morgen verendet finden.

Meine Tante war von Jugend an eine passionierte Jägerin. Sie hielt damals vier Jagdhunde. Überschaubare Nachsuchen erledigte ihr Rauhaarteckel sehr zuverlässig.

An Erfahrung konnten ihr Hund und ich gemeinsam auf höchstens ein Dutzend Totsuchen zurückblicken.

Beim ersten Licht waren wir am Anschuss: Tante, Vetter, Hund und ich als „Schweißhundführer“.

Wie vermutet, wies die Untersuchung des Anschusses auf einen Leberschuss hin.

Die Nacht war kalt und wir waren bester Hoffnung, den Hirsch bald zu finden und auch noch verwerten zu können. Mit der Verwertung waren wir auch damals schon sehr pingelig, schließlich waren wir „vom Fach“.

Am Anschuss angesetzt, nahm der Hund ruhig und zielstrebig die Fährte auf.

400 Meter waren wir mit Schweißbestätigung vorangekommen, dann wurde es schwierig. Wir gerieten in Gebräch von Sauen und Verleitung durch Rehwild, das vor uns absprang. Ich musste zurückgreifen. Der Hund gab sich alle Mühe, die Fährte voranzubringen, es gelang ihm aber nicht. Kein Schweiß, geschweige denn der Hirsch war zu finden.

Inzwischen war es Mittag geworden und ich drang darauf, einen richtigen Schweißhund zu holen.

Wir hatten damals Verbindung zu Siegfried Krell, einem sehr bekannten Berufsjäger und erfahrenen Schweißhundführer aus Schwirzheim in der Eifel, der den Hannoverschen Schweißhund „Bodo vom Hemelberg“ führte.

Siegfried Krell hatte schon einige Male bei uns nachgesucht. Ich war mir sicher, dass er den Hirsch finden würde.

Ich weiß noch, als wäre es gestern gewesen, wie ich Tante und Vetter zu überreden versuchte, die Nachsuche mit Siegfried Krell fortzusetzen, jedoch vergebens.

Wir hatten alle sechs Jahre einen reifen Hirsch frei. „Was ist, wenn du den Hirsch falsch angesprochen hast?“, fragte meine Tante, „dann ist der 1 a Hirsch weg!“

Wenn auch vor der Brunft, ab dem 18. September, so mancher unbekannte Geweihte durch unser Revier zu den Brunftplätzen in das Revier von Mannesmann in der Schneeeifel zog, so war die Aussicht, wirklich einen Kapitalen zu erlegen, äußerst gering, da nur wenige in diese Klasse hineinwuchsen. Außerdem musste man zur richtigen Zeit am rechten Ort sitzen. Es wäre wie sechs Richtige im Lotto gewesen. Da solch ein Hirsch sicher nicht in unserem Revier heranreifte, hätte man ihn ruhigen Gewissens ohnehin nicht schießen dürfen.

Ich schwor, dass ich den Hirsch richtig angesprochen hatte und dass er in den Abschussplan passte. Es half alles nichts.

Wohl zwei Stunden haben wir im Wald gesessen und diskutiert. Ich konnte mich mit meiner Meinung nicht durchsetzen.

Bis in die Dunkelheit suchten wir noch nach, dann brachen wir ergebnislos ab.

Es kam, wie es kommen musste. Zwei Wochen später wurde der Hirsch von Waldarbeitern verludert gefunden, 300 Meter von unserer letzten Schweißbestätigung. Er wäre „richtig“ gewesen!

Tante und Vetter sahen ein, falsch gehandelt zu haben, leider zu spät.

Nach dieser unerfreulichen Erfahrung dauerte es eine ganze Weile, bis ich wieder Freude an der Jagd fand.

In mir reifte der Entschluss, mir einen Hannoverschen Schweißhund anzuschaffen, sobald dies möglich wäre. Ich wollte der Nachsuche gegenüber der Jagd, wie ich sie bisher ausgeübt hatte, den Vorzug geben.

Bevor ich meinen Traum von einem eigenen Schweißhund verwirklichen konnte, gab es aber noch einige andere Felder zu bestellen, die mit Pflichten, aber auch mit Vergnügungen zu tun hatten, und die ich meist in umgekehrter Reihenfolge abarbeitete.

Eine Nachsuche mit Siegfried Krell habe ich noch besonders gut in Erinnerung. Sie hatte mich sehr beeindruckt, obwohl sie erfolglos war.

Ich hatte einen Frischling beschossen, aber er lag nicht. Welchen vermuteten Schuss er hatte, weiß ich nicht mehr. Ich suchte mit dem Teckel meiner Tante nach, war aber bald mit meinem Latein am Ende. Daher rief ich Siegfried Krell an und bat ihn um Hilfe. Er sagte zu, schränkte aber gleich ein, dass er einen wichtigen Termin und daher nicht allzu viel Zeit hätte.

Er erschien in schicker Berufsjägeruniform und nicht in Nachsuchenklamotten, was mich sehr wunderte.

Er untersuchte den Anschuss und setzte seinen Bodo an. Dieser ging die gleiche Fährte wie unser Teckel bis zu einem riesigen Ginsterschlag. Bis hierher hatten wir auch noch Schweiß gefunden. Siegfried Krell überblickte wohl, dass die Suche eine längere Angelegenheit werden könnte und er Terminschwierigkeiten bekommen würde. Er fragte mich, ob ich ihn vielleicht nach Hause fahren könnte. Das konnte ich, aber warum das? Er hatte doch ein eigenes Auto.

Er erklärte mir die Zusammenhänge. Er hatte eine Nachsuche, die er nicht aufgeben wollte, aber auch einen Termin.

Am Rand des Ginsterschlages nahm er seinem Hund die Halsung ab und ließ ihn alleine weitersuchen. Straßen, auf denen er hätte zu Schaden kommen können, gab es weit und breit keine. Siegfried Krell stellte seinen VW Käfer in der Nähe ab und ließ die Tür auf. „Bodo macht das schon, und wenn er die Sau nicht findet, kommt er zurück und legt sich in den Wagen“, sagte er.

Dann fuhr ich ihn zu seinem Termin. Ich wartete noch einige Stunden auf den Hund und fuhr bei Dunkelheit zurück zur Jagdhütte.

Am nächsten Morgen holte ich Siegfried Krell wieder ab.

Sein Hund schlummerte friedlich im Auto.

An meinen beschossenen Frischling war er offensichtlich nicht herangekommen, jedenfalls roch er nicht, als hätte er an einem Stück Schwarzwild gerupft.

Bodo wurde leider im besten Alter nach einer Fehlhetze von einem Jäger als wildernder Hund erschossen.

Zu jener Zeit waren Schweißhunde in Jägerkreisen noch nicht allgemein bekannt. Es setzte sich aber mehr und mehr durch, dass diese Hunde in der Vorbereitung auf die Jägerprüfung gezeigt wurden, um solche Fälle in Zukunft zu vermeiden.

Ich glaube und hoffe, dass heute jeder Jäger einen Schweißhund erkennt.

Jugendsünden

In aller Herrgottsfrüh war ich aus den Federn und pirschte durchs Revier. Die Böcke waren gerade auf und ihnen galt meine ganze Aufmerksamkeit. Ich hatte gerade den Jagdschein in der Tasche und war voller Jagdpassion.

Es dauerte nicht lange, da sah ich in einem Ginsterschlag ein Reh. Das Fernglas verriet einen Knopfbock. Mit sauberem Schuss wurde er meine Beute.

Ich brach ihn auf, hängte ihn an einen Baum und pirschte weiter an einem einsamen Tal, dem Sulzbachtal, entlang. Hierhin verlief sich außer einem Jäger keine Menschenseele. In einer Wiese standen zwei Rehe. Offensichtlich Geschwister. Auch dabei war ein Knopfbock, und auch der wurde mein.

In zwei Stunden zwei Knopfböcke, beide unter zehn Kilo sauber erlegt.

Was war ich stolz und wie sehr würde Tante Käthe sich über meinen Erfolg freuen. Auf der Hütte berichtete ich von meinem Waidmannsheil, doch anstatt sich mit mir zu freuen, wurde ich von Tante Käthe heftig ausgeschimpft. „Als Jungjäger schießt man keine zwei Stück Wild an einem Morgen, auch wenn sie noch so richtig sind", zeterte sie. Mit dieser Reaktion hatte ich im Traum nicht gerechnet, denn Tante Käthe war in allen Dingen überaus großzügig und tolerant. Ich verstand die Welt nicht mehr.

Ich erinnere mich nicht mehr, auf welche Weise ich an die Flasche Weinbrand gekommen bin. Sie muss irgendwo nutzlos in der Hütte herumgestanden haben. Als mein Vetter Rolf mich ziemlich betrunken in einer Ecke des Pferdestalls fand, war die Flasche zu einem Drittel leer. Jedenfalls war sie jetzt nicht mehr nutzlos, denn sie hatte mich über den größten Frust hinweggetröstet.

Im Winter saß ich wieder einmal am „Wildacker“ auf Sauen an, einem unserer besten, weil ruhigsten und entlegensten Plätze im Revier. Hierhin verlief sich niemand, nicht einmal Pilzsammler und Stangensucher.

Gegen Mitternacht sah ich aus dem gegenüberliegenden Bestand ein einzelnes Stück Wild, das auf mich zuschnürte und auf 70 Meter auf einem Flecken Restschnee verharrte. Mein erster Gedanke war: Eine Katze! Aber das konnte nicht sein, so weit weg von den Häusern, mitten im Revier. Das war bestimmt ein Fuchs.

Ich schoss und er lag.

Als ich drei Stunden später zum Anschuss kam, lag da eine starke Wildkatze. Es tat mir sehr leid, dass ich nicht meinem ersten Eindruck vertraut hatte. Zuvor hatte ich noch keine Wildkatze in unserem Revier beobachten können und so war ich gar nicht auf die Idee gekommen, dass es eine Wildkatze sein könnte.

Es war eine Jugendsünde, und ich hoffe, dass es inzwischen verjährt ist. Als Anschauungsobjekt befindet sie sich heute im Jägerlehrhof in Brüggen. Der bekannte Präparator Hohnstätter aus Köln, der zu jener Zeit auch für das Museum König in Bonn arbeitete, hatte den Kuder sehr naturgetreu präpariert.

Was hatte mich früher Onkel Peter gelehrt: Man darf nur das schießen, was man genau ansprechen kann.

Von diesem Wildacker aus pirschte ich in jungen Jahren frühmorgens im „Vierbach“, einem wunderschönen Tal, weitab jeder Bebauung. Der Bach, der sich hindurchschlängelt, bildete die Grenze zum Nachbarrevier. Der Pirschpfad im Bestand entlang des Tales bot guten Einblick in die Wiesen und war sauber gefegt, sodass ich geräuscharm und mit gutem Wind vorankam.

Plötzlich sah ich auf zehn Meter einen schwachen Rehbock mit abnormem Gehörn. Aug in Aug standen wir uns eine gefühlte Ewigkeit gegenüber. Dann wurde ihm die Sache unheimlich. Laut schreckend sprang er ab in die Wiese, überfiel den Bach, flüchtete den steilen Gegenhang hoch und verhoffte, immer noch schreckend, zwischen einigen Büschen. Zum Nachdenken blieb nicht viel Zeit.

Im Knall lag das Böckchen. Da wurde mir erst richtig bewusst, dass ich ihn beim Nachbarn geschossen hatte und holte ihn schnell auf „unsere" Seite. Kein Mensch wusste davon.

Das hatte gut geklappt, nur in einem hatte ich mich geirrt: Dass niemand davon wusste. Ich wusste davon, und nach Überprüfen meiner eigenen moralischen Ansprüche musste ich mir eingestehen, dass ich das nicht hätte tun dürfen. So kam auch keine rechte Freude über dieses Jagderlebnis auf.

Die Begebenheit ist lange her und inzwischen ist es als Jugendsünde verarbeitet. Vergessen habe ich es aber nicht.

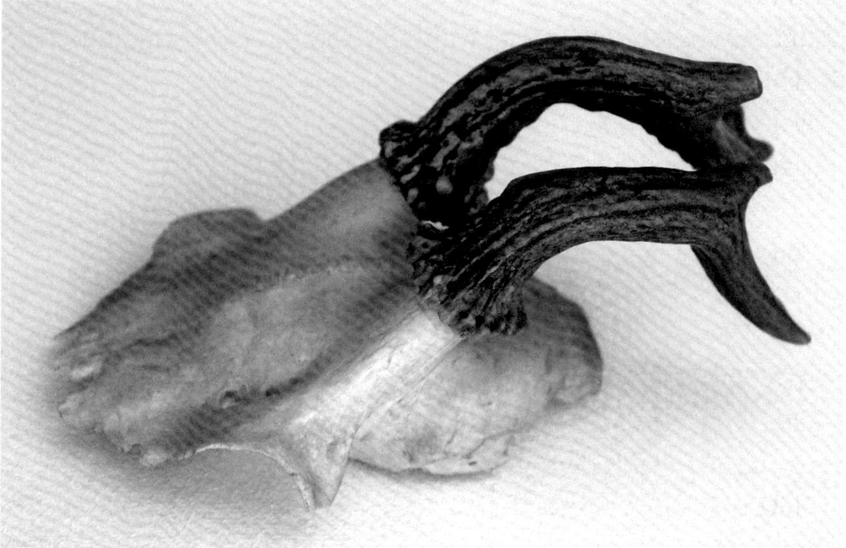

Jugendsünde

Isländer

Mein Vetter wollte in der Eifel eine Pferdezucht aufbauen. Die Tiere mussten robust, genügsam, winterfest, geländetauglich und natürlich auch gut zu reiten sein.

Nach längerem Überlegen und Abwägen der Vor- und Nachteile verschiedener Rassen fiel die Wahl auf „Isländer".

Die ersten vier Pferde, drei Stuten und ein Hengst, kamen direkt als Wildfänge aus Island. Sie waren nicht eingeritten, was einige Probleme mit sich brachte.

Zunächst mussten sie sich an ihre neue Umgebung, an meinen Vetter und mich gewöhnen, dann an Zaumzeug und Sattel. Nachdem diese Hürden überwunden waren, konnte es ans Einreiten gehen. Das war unter den gegebenen Verhältnissen nicht ganz ungefährlich. Auf der Pferdekoppel gab es einige gesprengte Bunker aus Kriegszeiten. Aus den mächtigen Betonklötzen, die auf den Weiden herumlagen, ragte Moniereisen heraus. Geriet man da hinein, wäre man unweigerlich im Krankenhaus gelandet. Die Überlegung war, abzuspringen, sobald man zu nahe an diese Hindernisse kam.

Tante Käthe und Vetter Rolf guckten mich als Einreiter aus. Nach etlichen Absprüngen und Fallübungen brachten wir zuerst die Stuten und zuletzt auch den Hengst so weit, dass wir die ersten Ausritte ins Revier wagen konnten. Das erwies sich nicht nur als erlebnisreich, sondern auch als zweckmäßig, vor allem bei der Wildfütterung. Das Wild wurde durch die Pferde kaum beunruhigt, und Spaß machte das Reiten natürlich auch. Einige der Tiere waren Tölter. Sie hatten einen besonders weichen Gang, auf ihnen ritt es sich besonders angenehm.

Täglich fuhr ein Eisenbahnzug durch das Alfbachtal, welches die Reviergrenze bildete. Er bestand lediglich nur aus der Lok und einem Wagon und hatte offensichtlich nur die Aufgabe, die Milch von den Bauern nach Prüm zu bringen. Wenn uns der Hafer stach, warteten wir, verdeckt hinter Büschen, auf den Zug und galoppierten nebenher, als wollten wir diesen überfallen. Der Lokführer hatte auch seinen Spaß dabei, denn er drosselte die Geschwindigkeit und fuhr nur so schnell, wie wir reiten konnten. Nach zwei Kilometern waren die Pferde ausgepumpt, und wir legten am Grenzbach eine Pause ein, bevor wir weiter die Kirrungen revidierten. Oft kamen wir erst gegen Abend heim.

Mit der Zeit vergrößerte sich die Herde. Fohlen wurden geboren und weitere Pferde zugekauft. Zuletzt standen um die zwanzig Tiere auf der Weide. Das brachte neben dem Vergnügen auch eine Menge Arbeit mit sich. Zäune und Ställe für den Winter mussten gebaut werden. Und fressen wollten die Pferde natürlich auch. Das bedeutete, dass wir im Sommer manchen Tag von morgens bis abends mit Heuen verbrachten. Mitunter waren wir dann so müde, dass uns nicht einmal mehr nach einem Abendansitz zumute war, sondern wir es vorzogen, zufrieden auf unsere geleistete Arbeit zurückzublicken und den Tag lieber bei einem kühlen Bier und leckerem Essen auf der Veranda der Jagdhütte ausklingen zu lassen.

Im und um das Jagdhaus lebten noch etliche andere Tiere. Da waren einmal die Drahthaarhündin Puppes, Bella, der Schweizer Laufhund – wie Tante Käthe ihn nannte – der Schweißteckel Struppi und Blacky, ein großer, schwarzer Promenadenmischling. Dazu kamen noch Kaninchen, Hühner, Puten und das Schaf Fritzchen. Letzteres verdiente sich sein Brot als Rasenmäher rund um das Jagdhaus.

Tante Käthe war eine vorzügliche Köchin.

Eines Tages saßen wir wieder mit einigen Jagdfreunden bei Tisch. Es gab Kartoffeln, Gemüse und eine Schüssel mit Fleisch, sehr fettem Fleisch. Tante Käthe sprach wie immer das Tischgebet: „Lieber Gott, Du weißt schon was ich sagen will, Amen!“ Dann wünschte sie guten Appetit! Alle langten kräftig zu. Von welchem Tier mag das Fleisch wohl sein? überlegte ich. Sicher war es weder Wild, noch Rind- oder Schweinefleisch. „Tante Käthe, wo ist eigentlich Fritzchen, ich habe es heute noch nicht gesehen?“ Normalerweise kam Fritzchen immer sofort angerannt und begrüßte mich, wenn es mich sah. Betretenes Schweigen. Sie deutete mit einer Kopfbewegung auf die Fleischschüssel. Mir wäre fast die Gabel aus der Hand gefallen. „Fritzchen?“ fragte ich. Ihr Kopfnicken ließ keinen Zweifel. Niemand in der Runde konnte noch etwas essen.

An diesem Tag wäre ich fast zum Vegetarier geworden. Fritzchen war alt geworden, die Tante hatte es während unserer Abwesenheit schlachten lassen.

Die Frauen, die sich nach dem Krieg durchschlagen mussten, konnten verdammt hart sein. Es gab ja nicht an jeder Ecke eine Metzgerei oder einen Supermarkt. Wollte man ab und zu Fleisch essen, musste man Tiere halten und diese auch schlachten. Ich hatte das zu Hause bei meiner Mutter, der Schwester von Tante Käthe, mitbekommen und erlebt, wie die Familie während der schweren Nachkriegszeit zusammengehalten hatte. Das waren schon starke, lebenstüchtige Frauen.

Und trotzdem, Fritzchen zu schlachten, das war schon der Hammer!

Ab und zu brachten wir Freunde mit auf die Hütte.

Nach dem Frühstück hieß es: Wer reitet mit? Befragten wir unsere Gäste nach ihren Reitkenntnissen, so kam in der Regel die Antwort: „Ich hab´ schon mal auf einem Pferd gesessen“ oder von einigen auch selbstbewusst: „Ich kann reiten!“

Wir sattelten die Pferde, dann ging es ins Revier.

Bei mir machte sich zu diesem Zeitpunkt stets eine warme Vorfreude bemerkbar, denn ich wusste aus Erfahrung, was sich aller Wahrscheinlichkeit nach innerhalb der nächsten Stunde ereignen würde.

In der Regel ritten wir zuerst in ruhigem Schritt am Bahndamm entlang. Dann sagte ich: „ Wir müssen runter zum Bach die Pferde tränken!"

Ich ritt voraus zu einer Stelle, wo eine steile Böschung – die einzige – von vielleicht drei Meter Tiefe war und blieb am oberen Rand stehen. Eine andere, flachere Stelle kam für uns nicht in Frage. Das wäre keine Herausforderung für unsere Gäste gewesen. Die Pferde kannten diese Stelle, denn hier ritten wir immer herunter. Mit schnellen, kurzen Trippelschritten waren sie die Böschung hinunter, standen mit den Vorderläufen im Bach und tranken, und wenn der Reiter sein Schuhwerk nicht ordentlich im Steigbügel und mit gestreckten Beinen und angelegten Schenkeln in Windeseile die Füße rechts und links am Kopf des Pferdes hatte, rutschte er über den Hals seines Tieres herunter und landete im Wasser der Alf. Hatte er Glück, blieb er oder sie auf den Beinen und wurde nur bis zu den Knien nass. Wenn nicht? Das Bachbett war nicht überall eben und so fand der Reiter nicht immer sofort das Gleichgewicht. Manchmal kippte einer einfach um. Wenn das passierte, sahen es die Jungen als persönliche Niederlage an. Die Mädels, um Anmut bemüht, quiekten.

Es war immer ein köstliches Vergnügen, dabei zuzusehen, wie ein stolzer Reiter wie in Zeitlupe ins Wasser plumpste. Mehr Vergnügen brauchten wir für diesen Tag nicht.

In aller Regel nahmen unsere Gäste diese Feuertaufe mit Humor.

Neben Jagd und Beruf hatte ich Zeit gefunden, mich nach einer Gefährtin umzusehen. Nach ein paar Fehlpirschen, die ich aber in bester Erinnerung habe, war ich durch Zufall, wie das auf der Jagd bisweilen so ist, fündig geworden. Sie stand hinter ihrem defekten Sport Prinz-Auto und machte sich am Motor zu schaffen, hatte ein kurzes Röckchen an und was ich sah, gefiel mir. (In der Jägersprache nennt man das: ich hatte guten Anblick). Ich bot Hilfe an und sie war einverstanden. Dabei war meine Kenntnis von Motoren auf einer Skala von eins bis zehn allenfalls eine schmeichelhafte drei. Das war in diesem Fall aber egal, wenn man lediglich abschleppen will (das Auto).

Wir blieben in Kontakt und nach fünf Jahren intensiver Probezeit heirateten wir.

Ich überlegte, dass es sicher einige Vorteile brächte, wenn ich für uns ein eigenes Nest baute, statt im Jagdhaus meines Vetters zu übernachten.

Bald hatte ich ein geeignetes Grundstück gefunden. Nach eigenen Plänen gaben wir uns an die Arbeit. Unter Mithilfe unseres Jagdhüters Peter Leinen bauten wir das Fundament aus Bruchsteinen. Der Aufbau wurde in einem Sägewerk gefertigt. Der Besitzer hatte in russischer Kriegsgefangenschaft gelernt, wie man Blockhütten baut. Nach einigen Wochen stand unsere Hütte, fünfzig Quadratmeter groß, mit Wasser- und Stromanschluss und einem großen, offenen Kamin.

Mit dem Ergebnis zeigten sich alle zufrieden, sogar meine Frau.

Die Werbung mit einem eigenen Nest war durchschlagend erfolgreich, und so ging die Sache – wie in der Natur üblich – weiter. Hat ein Weibchen erst einmal Gefallen an dem gefunden, was es geboten bekommt, wird es zugänglicher. Dann haben das Männchen – und hoffentlich das Weibchen auch – eine zeitlang Spaß miteinander. Liebe macht ja bekanntlich blind. In der Regel stellt sich dann, je nachdem, um welche Gattung es sich handelt, zwischen einigen Wochen und neun Monaten Nachwuchs ein. Dann können die Eltern wieder sehen und der Spaß hört meistens schlagartig auf und es geht nur noch darum, die „Mücken“ zusammen zu kriegen.

Wann immer wir Zeit hatten, fuhren wir in die Hütte.

Als unsere beiden Kinder in die Schule kamen, wurden unsere

Tage in der Hütte seltener. Ich hatte quasi vor unserer Haustüre reichlich Jagdgelegenheit bekommen, sodass der Wunsch, in die Eifel zu fahren, nicht mehr so übermächtig war.

Schließlich verkauften wir die Hütte. Es bestand ja immer noch die Möglichkeit, wie früher im Jagdhaus des Vetters zu wohnen.

Inzwischen sind drei Jahrzehnte vergangen. Trotzdem zieht es mich noch ab und zu in unser altes Revier, obwohl sich manches verändert oder – richtiger gesagt – verschlechtert hat. Mit enormen Erdbewegungen wurde eine Autobahn durch das Revier gebaut. Das Jagdhaus meines Vetters haben Jugendliche bis auf die Grundmauern in Schutt und Asche gelegt und auch bei unserer alten Hütte versucht, diese niederzubrennen. Danach war sie unbewohnbar.

Gedanken

Krame ich in meinen Erinnerungen, sind Misserfolge und Fehlsuchen in meinem Gedächtnis stärker haften geblieben als Erfolge. Außerdem natürlich Erlebnisse und Begebenheiten nicht alltäglicher Art, die von Jagd und Hunden, Jägern und anderen Zeit-genossen handeln.

Gelegentlich trifft man Jäger, die einen darauf ansprechen, dass man vor einigen Jahren einmal eine Nachsuche für sie gemacht hat. War sie erfolgreich, kann ich mich manchmal nicht mehr erinnern. Gab es aber eine Fehlsuche, aus welchen Gründen auch immer, und noch einige Angaben dazu: „Sie wissen doch noch?“ funktioniert mein Gedächtnis wieder.

In der Regel sind es ja gerade die Fehlsuchen, die den größten Zeitaufwand beanspruchen. Nicht selten beschäftigen diese einen noch tagelang, man nimmt sie abends mit ins Bett und zermartert sich sein bisschen Hirn, warum es nicht geklappt hat und was man hätte anders und besser machen können.

Fehlsuchen sind vom Ergebnis her sicher nicht befriedigend, dienen aber der Demut und helfen dem Schweißhundführer, besser zu werden.

Fest in meiner Erinnerung sind die Probleme verankert, die ich mit einigen meiner Hunde hatte. Meist waren es Anfangsschwierigkeiten. Es kostete einiges an Zeit und Gehirnjogging, diese abzustellen. Umso größer waren aber Freude und Genugtuung, wenn sich ein Problemhund zu einem guten und zuverlässigen Schweißhund entwickelt hatte.

Warum sucht man überhaupt nach? Das ist doch wohl klar: aus Mitleid mit den verletzten Tieren. Mir tun aber auch die armen Kreaturen im Versuchslabor oder in der Massentierhaltung leid, ohne dass ich mich vergleichsweise intensiv für sie einsetze. Es muss wohl noch andere Gründe geben, warum jemand Schweißhundführer wird und nachsucht. Nachsuchen mit einem guten Hund machen einfach Freude, wie auch die erfolgreiche Einarbeitung eines jungen Hundes. Man lernt oft nette Jäger kennen – wenn auch mitunter das krasse Gegenteil –, ist in der freien Natur, kommt in wunderschöne Reviere, hat aufregende Erlebnisse, die Abenteuerlust wird befriedigt und die Nerven werden gekitzelt. Es ist ein besonders spannendes Jagdgeschehen, an eine vom Hund gestellte kranke und mitunter aggressive Sau in dichtem Bewuchs bis auf kürzeste Distanz anzurobben, und nicht immer ist dies ungefährlich. Man ist schon bedeutend näher am Risiko als in fünf Meter Höhe vom sicheren Hochsitz aus. Hat man eine schwierige Nachsuche gemeistert, erfährt man Anerkennung. Es schmeichelt ohne Zweifel dem Selbstwertgefühl. Wer will dies bestreiten?

Nachsuchen sind eine Hilfe für den Jäger, der Pech gehabt, vielleicht einen Fehler gemacht oder zu leichtsinnig geschossen hat.

Helfen ist bekanntlich immer eine gute Sache, auch für einen selbst. Trotzdem muss der Tierschutzgedanke an oberster Stelle stehen, weil es darum geht, ein verletztes, noch lebendes Stück Wild zur Strecke zu bringen, auch wenn einem niemand anerkennend auf die Schulter klopft.

Was braucht man für eine erfolgreiche Nachsuche, und was sind die Voraussetzungen?

Na klar, einen guten Hund, meistens einen Schweißhund der etablierten Rassen Hannoversche Schweißhunde oder Bayerische Gebirgsschweißhunde. In Ausnahmefällen können aber auch Hunde anderer Rassen – beispielsweise Wachtelhunde oder Bracken – Hervorragendes leisten, wenn sie auf Schweißarbeit spezialisiert sind und genügend Einsatzmöglichkeiten haben. Es ist auch nicht schädlich, wenn der Schweißhundführer auf einige Jahre Erfahrung zurückblicken kann.

Manchmal braucht man den richtigen Vorstehschützen am richtigen Wechsel. Auch ein körperlich und geistig belastbarer, revierkundiger Begleiter ist sehr hilfreich. Ist er nicht farbenblind und findet ab und zu einmal Schweiß, so ist das ebenfalls sehr nützlich. Geeignete Kleidung, Auto, Handy, Telemetrie sowie Essen und Trinken können mitverantwortlich sein für den Erfolg.

Zusätzlich braucht man aber auch Glück, einfach nur Suchenglück!

Nachsuchen mit dem Gebrauchshund

Einen besonderen Stellenwert haben bei mir immer die Nachsuchen, bei denen die Jäger zuerst mit ihren eigenen Hunden gesucht haben, bei Misserfolg jedoch anrufen und um Hilfe bitten.

Das hat gewiss mit meinem Erlebnis aus der Jugendzeit auf den verluderten Hirsch zu tun. Wir hatten damals leider keinen Schweißhund mehr geholt und es bei unseren bescheidenen Möglichkeiten bewenden lassen.

Ruft ein Jäger einen Schweißhundführer an, nachdem er selber ein Stück nicht gefunden hat, zeugt das von einem großen Verantwortungsbewusstsein dem Wild gegenüber. So sollte es sein, selbstverständlich ist es leider nicht!

In der Regel ist es ja so, dass die Stärken der meisten Gebrauchshunde eher auf anderen Gebieten liegen.

Ich denke, dass weder der Jäger mit seinem Gebrauchshund noch der Schweißhundführer mit seinem jungen Hund sich als „Versager“ vorkommen müssen, wenn sie ein Stück nicht finden. Genau so wenig sollte sich ein Hundeführer mit einem erfahrenen Hund etwas darauf einbilden, wenn er trotz Vorsuche eines oder mehrerer Hunde ein angeschweißtes Stück zur Strecke bringt. Gemeinsame Freude ist legitim, aber vollkommen ausreichend, selbst wenn er etwas „Großes“ geleistet hat.

Es ergibt Sinn, wenn Jäger in vertretbarem Rahmen mit eigenen Hunden vorsuchen. In der Praxis geht das meistens in die Dunkelheit hinein.

Der Rahmen einer nächtlichen Suche ist allerdings überschritten, wenn man am Anschuss Knochensplitter findet und man erkennen kann, dass eine Hetze zu erwarten ist.

Will ein Schweißhundführer nicht in Kauf nehmen, dass mit einem Gebrauchshund vorgesucht wird, so hat er meist drei Probleme:

Erstens halten sich die meisten Jäger ohnehin nicht an solche Wünsche. Man muss einfach Verständnis dafür haben, dass ein Jäger mit einem eigenen Hund diesen auch einmal auf einer echten Nachsuche einsetzen will. Aus Gründen der Wildbrethygiene ist das auch sinnvoll. Viele Stücke mit guten Schüssen werden oft in kurzer Zeit wenige Meter vom Anschuss entfernt verendet gefunden.

Zweitens will sich vielleicht nicht jeder Jäger einen Anschiss einhandeln, wenn er von vornherein weiß, dass der Schweißhundführer über seine Vorsuche verärgert ist. Vielleicht kommt er sogar im schlimmsten Fall auf die Idee, gar nicht nachzusuchen und die Sache auf sich beruhen zu lassen.

Eine Alternative ist drittens, dass man für manche kurze Totsuche weit in der Gegend herumfährt. Die Zeit fehlt dann für schwierige Nachsuchen oder sonstige wichtige Angelegenheiten, auch für die Familie!

Nicht selten bin ich für eine Nachsuche von ein paar Metern weit gefahren. Die Jäger hätten die Stücke leicht selber finden können. Sie wollten aber nichts falsch machen. Das war zwar gut gemeint, aber nicht sinnvoll, weil die Stücke manchmal verhitzt oder angeschnitten waren, wenn sie über Nacht gelegen hatten.

Hat ein Jäger ein Stück Wild beschossen und es liegt nicht, wendet er sich am besten zeitnah an einen Schweißhundführer und schildert, was passiert ist. Möchte er als glücklicher Besitzer eines Hundes zuerst selbst nachsuchen, kann man gemeinsam überlegen, ob das unter den gegebenen Umständen, dem vermuteten Schuss und der herrschenden Witterung sinnvoll ist. Mancher Jäger ist dann sicher zu überzeugen, besser die Finger (den Hund) von der Suche zu lassen. Sucht der Jäger bis mittags selbst erfolglos nach und bemüht sich erst dann um einen Schweißhund, ist das Stück oft nicht mehr in verwertbarem Zustand zu finden. Möglicherweise telefoniert er von Pontius nach Pilatus und trifft gar keinen Schweißhundführer an, da alle schon unterwegs sind.

Ich habe immer besonders zu schätzen gewusst, dass die Schweißhundführer aus meinem Freundeskreis hervorragend zusammenarbeiten. Dabei spielte es überhaupt keine Rolle, ob mit Hannoverschen Schweißhunden oder Bayerischen Gebirgsschweißhunden nachgesucht wird. Die jungen Hunde bekommen die leichteren Arbeiten, die erfahrenen übernehmen die schwierigeren Suchen. Das geht ohne Missgunst und Neid.

Gerade die Nachsuchen, bei denen man gemeinsam mit einem anderen Schweißhundführer an einem „schwierigen Fall" zu knobeln hat, sind mir die liebsten.

Jäger ohne Hund

Ein Jäger ohne brauchbaren Hund, geht das überhaupt? Sollte nicht jeder Jäger einen Hund führen? Diejenigen, die Freude an der Hundearbeit und auch noch Einsatzmöglichkeit auf der Jagd haben, sind sicher im Besitz eines Vierbeiners, da sie sich ein Leben ohne gar nicht vorstellen können.

Es mag aber durchaus gute Gründe dafür geben, keinen eigenen Hund zu halten, deshalb muss man noch lange kein schlechter Jäger sein. In jedem Fall sollte er Kontakt zu einem Hundeführer für leichte Totsuchen haben, aber auch zu einem Schweißhundführer für größere Probleme. Hat ein nicht mehr ganz rüstiger Jäger keine Hilfe bei einer kurzen Nachsuche und beim Bergen eines stärkeren Stückes, so hat er sich nicht rechtzeitig um die richtigen Jagdkameraden bemüht.

Einige Male habe ich erlebt, dass Wild unweit des Anschusses verludert oder angeschnitten war, weil der Jäger keine Hilfe hatte.

Wann nachsuchen?

Auf der Jahreshauptversammlung 2009 des Hegerings der Siegkreisjäger wurde von dem Referenten zum Thema „Nachsuchen" die Meinung vertreten, dass aus Gründen des Tierschutzes möglichst kurz nach dem Schuss – wenn nicht unmittelbar danach – nachgesucht werden müsste. Der Referent ist Autor zahlreicher Jagdbücher und nach eigener Aussage weit gereister Jäger, führt aber keinen Hund der anerkannten Schweißhundrassen.

Was sich auf den ersten Blick ganz vernünftig anhört, hält meines Erachtens einer sorgfältigen Prüfung gerade aus Tierschutzgründen nicht stand.

Auf mein Befragen nach seinem eigenen Erfahrensschatz bei schwierigen Nachsuchen – Gebrech-, Krell-, Laufschüssen – nannte er nach einigem Überlegen die Zahl zehn. Auf die Frage, wie viele Stücke er davon zur Strecke gebracht hätte, blieb er die Antwort schuldig. Dem ist nichts hinzuzufügen.

Bedenkt man, dass in seinem Bekanntenkreis in der Regel offensichtlich sofort nachgesucht wird, weiß ich nicht, wie man hier von Tierschutz sprechen kann.

Freilich gilt es, den Spagat zwischen Tierschutz und Wildbrethygiene zu finden.

Es versteht sich von selbst, dass man Wild, das man beschießt, verwerten möchte, entweder zum Verkauf oder für den Eigenbedarf. Erst dadurch bekommt das Erlegen eines Stückes neben der Seuchenbekämpfung und Schadensabwehr seine Legitimation. Was die Verwertbarkeit von Wild angeht, sind die Bedingungen durch den Gesetzgeber in Brüssel wesentlich strenger geworden. Ob diese neuen Richtlinien in jedem Fall sinnvoll und praxistauglich sind, darüber lässt sich trefflich diskutieren. Nach bisherigen Hygienerichtlinien waren beispielsweise weidwunde Stücke, sofern sie nicht verhitzt waren und in

Farbe und Geruch nach sorgfältigem Aufbrechen und Auskühlen als in Ordnung befunden wurden, verwertet worden. Ich glaube, dass durch den Verzehr von Wildbret solcher Stücke weniger Menschen erkrankt oder gar gestorben sind als im gleichen Zeitraum durch Blitzschlag.

Der Tierschutz hat allerdings gegenüber der Wildbretverwertung den unbedingt höheren Stellenwert.

Kann man davon ausgehen, dass ein Stück Wild nach einer kurzen Todesflucht verendet ist, sollte es selbstverständlich schnellstmöglich nachgesucht werden. Soweit bin ich auf der Seite des vorerwähnten Referenten.

Anders verhält es sich, wenn zu vermuten ist, dass ein beschossenes Stück noch lebt. Hier muss sorgfältig abgewogen werden, wann der sicherste Zeitpunkt und die Wahrscheinlichkeit am größten ist, dass man bei der Nachsuche erfolgreich ist.

Dazu gehört mitunter, dass man ein Stück krank werden lässt!

Dieser Punkt wurde von dem Referenten vollkommen in Abrede gestellt.

Es ist für ein am Abend beschossenes Reh bestimmt schmerzhaft, mit einem zerschossenen Lauf die Nacht zu verbringen. Die Chance, es mit einem guten Hund am nächsten Tag zur Strecke zu bringen, ist aber ungleich größer, als wenn es abends nachgesucht wird in der Hoffnung, es könnte ja liegen.

Nachsuchen in die Dunkelheit hinein sind nur bei einem guten Schuss (Lungenschuss) vertretbar.

Nachsuchen ohne Tageslicht bei schlechten oder zweifelhaften Schüssen sind absolut tabu, selbst auf die Gefahr hin, dass ein Stück am nächsten Tag verhitzt oder angeschnitten und somit nicht mehr verwertbar ist.

Was ist wohl aus Tierschutzgründen richtiger bei einer Sau mit Weidwundschuss, sie in Ruhe zu lassen, bis sie nach einigen 100 Metern in den Wundkessel geht und verendet, oder sie abends nach einer Stunde nachzusuchen und aufzumüden?

Die Wahrscheinlichkeit, sie kurz nach dem Schuss zur Strecke zu bringen, ist äußerst gering. Wenn man Pech hat, findet man eine aufgemüdete Sau bei der Nachsuche am nächsten Tag überhaupt nicht, was vor allem bei einem Schuss durch das kleine Gescheide passieren kann. Zudem sollte man bedenken, dass nächtliche Nachsuchen für den Jäger nicht ohne Risiko sind. So mancher vermeintliche Überläufer entpuppte sich nach erfolgreicher Nachsuche am nächsten Tag doch als eine ganze Nummer stärker und wehrhafter. Der Jäger war im Nachhinein froh, der Sau nicht nachts, lebend und schlecht gelaunt, begegnet zu sein. Auch hat man sich im Dunkeln schnell einmal verletzt. Besser ist, man lässt solchen Unsinn.

Die Überlegung, wann am besten nachgesucht wird, stellt sich am ehesten, wenn morgens oder tagsüber bei Drückjagden geschossen wurde. Es gibt keine allgemeingültige Regel, ob man am besten sofort, nach zwei, vier oder sechs Stunden nachsuchen sollte oder erst am nächsten Tag. Das hängt von so vielen Faktoren ab wie: welche Hunde stehen zur Verfügung, welche Witterung herrscht oder ist zu erwarten, sind bei einer Drückjagd die Stände noch besetzt oder können und müssen Vorstehschützen angefordert werden. Lassen die Verkehrsverhältnisse im Revier und Umgebung das Schnallen überhaupt zu oder eher nicht?

Es gilt, den Zeitpunkt mit der höchsten Wahrscheinlichkeit einer erfolgreichen Nachsuche herauszufinden, nicht den schnellstmöglichen mit sehr fraglichem Ausgang. Diese Überlegungen sollte man in jedem Fall bei Gebrech-, Krell- und Laufschüssen anstellen. Kommen Stücke mit solchen Schüssen nicht bei der ersten Hetze zur Strecke, weil sie noch nicht krank genug waren, hat man in der Regel erhebliche Probleme, sie noch zu bekommen.

Bunte Hunde – Rückblick

Problemhunde

Ab und zu kommt es vor, dass ein Hund – hier Schweißhund – seinem Führer erhebliche Probleme bereitet, die seine Tauglichkeit einschränken, in Frage stellen oder gar ausschließen.

Es sei dahingestellt, ob diese Schwierigkeiten am Hund oder am Führer liegen. Beides ist möglich, ich schätze die Wahrscheinlichkeit wesentlich größer ein, dass es am Führer liegt. Dabei muss er gar kein schlechter Führer sein, nur mit diesem Hund klappt es halt nicht. Merkt man, dass sich die Probleme nicht abstellen lassen, ist es sicher besser, den Hund in andere Hände zu geben. Ein Erstlingsführer wird in der Regel nicht die richtige Adresse sein. Hier braucht man jemanden, der gewillt ist, sich mit den Schwierigkeiten ernsthaft auseinanderzusetzen und sich Gedanken macht, wie diese abzustellen sind, also niemand, der nur etwas mit einem perfekten, fertigen Hund anfangen kann.

Nach meinen positiv verlaufenen Erfahrungen mit „Problemhunden“ habe ich eine besondere Beziehung und Zuneigung zu diesen entwickelt.

Es gibt keinen Zweifel, dass diese Hunde jeder Mühe wert sind.

Julchen

In der „Wild und Hund“ las ich eine Anzeige mit etwa folgendem Text:

Schweißteckel – es folgten Zwingername mit Ahnen, abgelegte Prüfungen, Alter – mit Erfahrung auf der Nachsuche, geführt von einem Förster aus dem Saupark Springe, umständehalber abzugeben. Telefon: ...

Sofort rief ich an.

Eine freundliche, ältere Dame, Frau Schwarz, sagte mir, dass ihr Mann verstorben sei und dass sie den Teckel nicht halten könne. Der Hund sei aber leider schon vergeben und bereits abgeholt. Sie hätte aber keinen guten Eindruck von dem neuen Besitzer gehabt und Julchen mit einem sehr unguten Gefühl abgegeben.

Wir hatten uns angeregt unterhalten und ich hinterließ meine Telefonnummer.

Einige Wochen später meldete sie sich. Sie hatte den Hund zurückbekommen, da es erhebliche Probleme gab. Die Hündin hatte die Wohnungseinrichtung demoliert: Möbel, Teppiche, Bücher. Alles, was sie erreichen konnte, hatte sie zerbissen. Der Sachschaden war erheblich und hatte den Anschaffungspreis des Hundes wohl deutlich überschritten.

Ihr ungutes Gefühl hatte die alte Dame nicht getäuscht.

„Haben sie noch Interesse an dem Hund?“

Die Frage konnte ich bejahen, und meine Familie vergrößerte sich um Julchen.

Die Hündin lebte sich problemlos ein, hat nie im Haus etwas zerbissen oder auch nur angeknabbert. Außer Haus war das allerdings anders.

Unsere Nachbarn hielten für ihre Kinder zwei Enten. Deren Lieblingsplatz war unter einer Fichte, die unglücklicherweise direkt neben Julchens Zwinger stand.

Die Enten waren unmittelbar vor ihrer Nase und zeigten keinerlei Respekt. Sie waren ein Ärgernis, das nur durch einen Maschendraht von ihr getrennt war.

Auf Dauer konnte ein solcher Draht einem willensstarken, zornigen Teckel aber nicht standhalten und so kam, was kommen musste. Eines Tages hatte Julchen das kleine Problem auf ihre Art gelöst und beide Enten totgebissen, zum Ärger der Nachbarn und zur Trauer deren Kinder.

In der Eifel, nahe unserer Jagdhütte, gab es einen ähnlichen Fall. Nur waren diesmal zwei Stallhasen eines benachbarten Bauern die Opfer. Die Hündin stromerte herum und hatte diese entdeckt. Der Maschendraht, der sie von den Hasen trennte, war kein Hindernis. Sie hatte ja inzwischen Erfahrung, und so mussten auch sie dran glauben.

Mit Julchen machte ich einige Nachsuchen. In der Riemenarbeit war sie sehr zuverlässig. Bald merkte ich aber, dass ihre Körpergröße Leistungsgrenzen setze, obwohl die Hündin für einen Teckel recht kräftig war.

Damals waren die Winter in der Eifel so hart, wie man sich das heute kaum noch vorstellen kann. Schnee über Kniehöhe und meterhohe Verwehungen waren keine Seltenheit. Es gab Wochen, in denen wir selbst mit dem Geländewagen nicht ins Revier kamen.

Ich erinnere mich, dass am sogenannten „Schwarzen Mann“, einem Skigebiet in der Schneeeifel zwischen Ormont und Brandscheid, eine Schneefräse eingesetzt werden musste, weil dem Schnee mit herkömmlichem Gerät nicht mehr beizukommen war.

Den halben Tag ritten mein Vetter und ich die Wildfütterung ab und beschickten sie neu. Das Wild hungerte.

Der Fußmarsch zu meinem Lieblingshochsitz auf Schinscheid – keine geschlossene und beheizte Kanzel, sondern ein offener Hochsitz, dauerte unter diesen Bedingungen über zwei Stunden.

Bei solchen Verhältnissen hatte Julchen natürlich erhebliche Probleme, aber auch hohes Gras und Getreide waren Hindernisse, die sie schnell ermüden ließen.

Es gab zwei Fehlhetzen auf laufkranke Böcke, an die sie bei der Hetze nicht herankam, wie auch?

Ich war noch sehr naiv, was meine Einschätzung der Möglichkeiten eines Teckels betraf.

Im Winter ist sie uns einmal hinter einer Sau ausgebüxt. Drei Tage haben wir sie vergeblich gesucht, dann wurde sie vor einer Gaststätte, 20 Kilometer von unserer Hütte entfernt, gefunden. Sie hatte sich eine Nierenentzündung zugezogen, von der sie sich nicht mehr erholte. Schließlich musste sie eingeschläfert werden.

Mit der alten Dame, Frau Schwarz, haben meine Frau und ich einen freundschaftlichen Kontakt gehalten. Mehrmals hat sie trotz ihres hohen Alters von über achtzig Jahren in unserer Jagdhütte ihren Urlaub verbracht.

Bredas

Die Zeit war nun reif, mir einen „richtigen" Schweißhund anzuschaffen.

Die Dinge, die mich bisher daran gehindert hatten, waren weitgehend beseitigt.

Ich bewarb mich über den damaligen Zuchtwart des „Verein Hirschmann", Karl Bergien, um einen Hannoverschen Schweißhund, wenn möglich, einen bereits abgeführten.

Nach einigen Wochen wurde mir der dreijährige Rüde „Bredas Seelzerthurm" angeboten, der im Bundesforstamt Raubkammer in der Lüneburger Heide stand.

Bredas vertrug sich nicht mehr mit dem älteren Rüden Grimm von der Waldeben des Försters und es war zu heftigen Beißereien gekommen. Ich nahm Verbindung mit dem Besitzer, dem erfahrenen Schweißhundführer Otto Rassow auf und meine Frau und ich fuhren in die Lüneburger Heide.

Als wir den Hund sahen, war es Liebe auf den ersten Blick.

Bredas war ein kräftiger, hirschroter Rüde, hatte eine gute Vorprüfung abgelegt und war bestens erzogen, ein Traumhund!

Mein Gott, war ich stolz, als wir mit unserem neuen Hund nach Hause fuhren.

So oft es ging, fuhren wir mit ihm zur Jagdhütte in die Eifel.

Bredas lebte sich schnell ein, und bald waren wir dicke Freunde.

Durch ihn bekam ich mit der Zeit auch Verbindung zu einigen Forstämtern und damit Nachsuchen- und Jagdgelegenheit.

Ich erinnere mich, dass mir zu jener Zeit, um 1968, zum ersten Mal Frischlingsbachen auffielen, braune Stücke, mitunter unter 30 kg schwer, die bis zu drei Frischlinge führten. Ich habe mich darüber mehrmals mit meinem damaligen Nachbarn Karl Snethlage, dem bekannten Schwarzwildkenner, unterhalten, der 1934 das viel beachtete Buch „das Schwarzwild" geschrieben hatte. Karl Snethlage kannte damals die heute verbreitete Erscheinung aus seiner pommerschen Heimat ebenfalls nicht.

Waren Bredas und ich ohne Familie alleine in der Hütte, so schlief ich auf einem breiten Sofa vor dem offenen Kamin, den Hund legte ich davor ab. Wurde ich morgens wach – ich hatte einen tiefen und gesunden Schlaf -, lag er neben mir auf dem Sofa unter der Decke. Das wiederholte sich jede Nacht. Ich konnte mir beim besten Willen nicht vorstellen, wie dieser große Hund es schaffte, unbemerkt unter meine Decke zu schlüpfen.

Einmal lag ich doch wach und so kam ich ihm endlich hinter die Schliche.

Bredas setzte sich vor das Sofa und wartete ab. Ich rührte mich nicht und stellte mich schlafend. Vorsichtig schob er eine Vorderpfote unter die Decke und wartete, sicher eine Minute. Dann kam die zweite Pfote, wieder wartete er geduldig. Offensichtlich wollte er nicht, dass ich etwas merkte oder wach wurde. Vorsichtig legte er seinen Kopf zwischen die Vorderpfoten unter die Decke, dann wartete er wieder. Schließlich schob er ganz behutsam den Rest seines Körpers nach und lag neben mir.

Diese Schweinebacke!

Mit Bredas hatte ich meinen abendlichen Reviergang im Königsforst gemacht. Seit etwa acht Wochen lebte er inzwischen bei uns. Kontakt zu einem der örtlichen Förster hatte ich noch nicht, da ich ja zur Jagd seit Jahren in die Eifel fuhr.

Ein paar Meter abseits eines Hauptweges kannte ich einen Hochsitz an einer Wildwiese. Ich legte den Hund ab, kletterte die Leiter hoch und wollte ein Stündchen den Abend genießen.

Schon bald erschienen eine Ricke mit ihrem Kitz, eine Bache mit ihrem Nachwuchs und ein zornig dreinschauender älterer Herr in grüner Uniform. Stocksteif blieb er zwei Meter vor Bredas stehen. Zum Glück blieb dieser ruhig liegen. Der Mann vermittelte den Eindruck, dass er hier etwas zu sagen hatte. So war es auch.

Ich stieg von der Leiter und ging auf ihn zu. Es schien mir eine angemessene Reaktion. Ich kannte den Herrn nicht, sah aber an seinem Schulterschmuck, dass er kein Forstlehrling war. „Was machen sie denn hier in meinem Wald auf meinem Hochsitz?" war seine erboste Frage. „Das ist doch ein Schweißhund, dann sind sie doch sicher auch Jäger, da müssen sie eigentlich wissen, dass sie das nicht dürfen!"

Er fragte mich noch, ob ich etwas gesehen hätte. Die Frage beantwortete ich wahrheitsgemäß. Dann erklärte er mir, wie wenig Zeit er für Abendansitze hätte und dass die Sauen jetzt bestimmt weg wären. Das war nach der Lautstärke dieser Gardinenpredigt anzunehmen, da mochte er Recht haben. Er konnte sich gar nicht beruhigen und sagte zum Schluss: „Verlassen sie sofort meinen Wald!"

Mein Wald, mein Hochsitz, ihm schien hier eine Menge zu gehören. Ich schlich mich aus „seinem" Wald und fuhr nach Hause.

Ein paar Tage später war ich trotzdem wieder mit Bredas in „seinem" Wald unterwegs. Ich hörte ein Auto kommen und der Fahrer hielt an. Es war der Chef des Forstamtes, der mich zur Schnecke gemacht und aus seinem Wald vertrieben hatte, und ein – sicherlich „sein" – Förster. Sie stellten sich beide vor und begrüßten mich sehr freundlich mit meinem Namen. Wo hatten sie den denn so schnell her und wieso war der Forstamtsleiter auf einmal so liebenswürdig?

Wir unterhielten uns eine ganze Weile, er war wie verwandelt. Dann fragte er: „Können sie nicht auch bei uns nachsuchen?"

Sicher konnte ich das. So entstanden eine lang anhaltende Nachsuchen- und Geschäftsbeziehung, später mit seinen Förstern auch echte Freundschaften bis zum heutigen Tag.

Seit einigen Monaten lebte Bredas bei uns, da wurde im Nachbarrevier in der Eifel ein Rothirsch laufkrank geschossen.

Nach sicherer Riemenarbeit kamen wir an den Hirsch, der vor uns aus dem Wundbett hoch wurde. Ich schnallte, doch der Hund machte keinerlei Anstalten, den Kranken zu hetzen. Um ihn zu animieren, rüdete ich ihn an und lief ein Stück hinter dem Hirsch her. Es half nichts, Bredas hetzte nicht!

Förster Leinebach, alter, erfahrener Hundekenner, der sich an der Nachsuche beteiligte, sagte: „Eine Schande für diesen Hund, macht eine tolle Riemenarbeit und hetzt nicht. Er hat leider überhaupt keine Wildschärfe, die kriegst du auch nicht mehr rein!“

Diesem für einen Schweißhund vernichtenden Urteil schloss sich ein zweiter Jäger an, der ebenfalls Erfahrung mit Jagdhunden hatte.

Ich war am Boden zerstört. Jetzt hatte ich endlich meinen Traumhund, und der hetzte nicht. Wir telefonierten ein paar Vorstehschützen herbei und stellten die Dickung, in die der Hirsch verschwunden war, weiträumig ab. Ich setzte die Riemenarbeit fort – das konnte Bredas ja. Zum Glück brachten wir den Hirsch durch den Fangschuss eines Vorstehschützen zur Strecke.

Kurz darauf wurde von einem Gast in unserem Revier eine Sau laufkrank geschossen. Wie bei der Nachsuche auf den Hirsch machte Bredas eine sichere Riemenarbeit, verweigerte aber wieder die Hetze. Diese Sau bekam ich nicht, da es mir nicht gelungen war, einen anderen Schweißhundführer oder wenigstens Vorstehschützen zu erreichen, mit deren Hilfe sich meine Chancen vergrößern ließe, diese Nachsuche erfolgreich zu beenden. So suchte ich alleine bis in die Dunkelheit nach, kam aber nicht mehr an die Sau heran.

Ich hatte ein Riesenproblem, daran gab es nichts zu beschönigen.

Jetzt galt es, Schadensbegrenzung zu betreiben und hoffentlich eine Lösung zu finden. Leider musste ich mir eingestehen, dass ich mit Schweißhunden im Allgemeinen und „Problemhunden“ im Besonderen keinerlei Erfahrung hatte. Die Überlegung war, ob es wirklich ein Nachteil war, unbelastet jeglicher Sachkenntnis zu sein. War das vielleicht sogar eine Chance? Vielleicht irrten ja die Experten.

In jedem Fall schien es ratsam, mit etwas gesundem Menschenverstand an die Sache heranzugehen.

Wir fuhren weiter regelmäßig in die Eifel und waren von morgens bis abends im Revier. Ich beobachtete Bredas auf Schritt und Tritt und es fiel mir auf, dass er sehr unsicher war und sich kaum weiter als zwanzig Meter von mir entfernte. Dann blieb er stehen und wartete, bis ich herangekommen war oder er kam von sich aus zurück zu mir. Dieses Verhalten konnte für einen dreijährigen Rüden nicht normal sein. Wir verlegten unsere Reviergänge aus dem Wald auf die Felder, und siehe da, bald wurden seine Ausflüge weiter und selbstbewusster. Zwar vergewisserte er sich ab und zu, ob ich noch da war, aber er dehnte seine Streifzüge immer weiter aus.

Ich glaubte, den ersten Schritt in die richtige Richtung getan zu haben.

Es fielen einige Totsuchen an, die Bredas zuverlässig machte. Wenn ich merkte, dass wir kurz vor der toten Sau waren, nahm ich ihm die Halsung ab und ließ ihn die letzten Meter alleine suchen. Die ersten Male kam er noch gelegentlich zurück, um mich zu holen, doch bald blieb er bei seiner Sau. Schritt zwei war getan, so hoffte ich. Hatte ich ein Stück Wild geschossen, so legte ich es in den offenen Kofferraum, fuhr in angemessener Geschwindigkeit durchs Revier und ließ Bredas hinterher laufen – hetzen -, was ihm riesigen Spaß machte.

Manchmal versteckte ich mich und er musste mich suchen. Wie groß war seine Freude, wenn er mich gefunden hatte.

Nach diesen einfachen Übungen hetzte er von nun an zuverlässig. Ihm fehlte es also nicht an Wildschärfe, wie die Hundekenner meinten.

Bredas wurde in der Lüneburger Heide von seinem ehemaligen Führer aus gutem Grund kurz gehalten, da es in dem Revier Raubkammer sehr viel Rotwild gibt.

Es fehlte ihm noch an Selbstbewusstsein und er war einfach noch nicht abgenabelt.

Inzwischen war einige Zeit vergangen.

Von einer abends beschossen Sau fand ich am nächsten Morgen auf dem Anschuss zwar Schweiß, hatte aber keine Vorstellung, wo der Schuss sitzen könnte. Es mangelte mir zu dieser Zeit noch an entsprechender Erfahrung. Es kommt allerdings auch heute noch vor, dass ich mir über den Sitz der Kugel unsicher bin, ich müsste lügen, es zu bestreiten.

Bredas wurde zur Fährte gelegt und er suchte, bis wir nach etwa 200 Metern vor meinem Auto standen. Bestätigung für die Richtigkeit der Arbeit hatte ich nicht, es hatte nachts stark geregnet. Ich fing noch einmal am Anschuss an, und wieder endete die Suche vor dem Wagen. Wollte der Hund etwa nach Hause? Konnte er die Fährte wegen des starken Regens nicht halten?

Ich wusste mir keinen Rat und holte Berthold Münzer ab. Sein Artus Blaustein ging die gleiche Fährte, aber um den Wagen herum und nach 100 Metern war das Gespann an der kranken Sau. Sie lebte noch. Artus wurde geschnallt, dazu Münzers Terrier. Nach kurzer Hetze erhielt die Sau von Berthold Münzer den Fangschuss.

Es war gar nicht einfach, Artus mit Hilfe der Schweißleine von der Sau zu angeln, er konnte an seinem Wild recht übellaunig werden.

Berthold Münzer reichte mir seine Waffe mit den Worten: „Halt ens fest, du siehst doch, ich hann den Datterich“, (hervorgerufen durch eine schwere Kriegsverwundung). Berthold Münzer war kriegsverwundeter Frontoffizier. Es folgte der Befehl: „Halt den Hunk ens fest!“ Mir war gar nicht wohl dabei, doch Artus war durchaus umgänglich, sobald er ein paar Meter von seiner Sau weg war.

Das Verhalten meines Bredas hatte ich nicht deuten können. Meinen Wagen hatte ich genau auf die Fährte der kranken Sau abgestellt und so nahm ich an, der Hund wolle nach Hause. Auf die Idee, dass die Fährte hinter dem Wagen weitergehen könnte, war ich nicht gekommen.

Man kann daraus schließen, dass eine gewisse Erfahrung und Grundintelligenz auch bei Nachsuchen durchaus von Vorteil ist.

Eine Lehre von Berthold Münzer habe ich mir damals gemerkt und befolgt: „Du muss dingen Hunk och jonn losse“, was soviel bedeutet wie: Du musst deinem Hund auch vertrauen. Oder im allgemeinen Sprachgebrauch bei Jägern: „Der Hund hat immer Recht“. Das stimmt so allerdings auch nicht. Hätte der Hund immer Recht, wären alle Nachsuchen einfach und es gäbe kaum Fehlsuchen.

Besonders bei noch jungen, unerfahrenen Hunden wird man bald merken, dass sie durchaus nicht immer Recht haben, sondern noch öfters Verleitfährten erliegen. Hatten meine Hunde im Laufe ihres Lebens Erfahrungen gewonnen und einen höheren Leistungsstand erreicht, habe ich deren Instinkte und Fähigkeiten allerdings stets über meine eigenen gestellt. Inzwischen wusste ich, was ein Hund leisten kann und wie bescheiden dagegen meine eigenen Möglichkeiten sind. Mitunter irrte ich mich in der Beurteilung eines Anschusses, überblickte Zusammenhänge bei Drückjagdnachsuchen nicht richtig und übersah Schweiß oder sonstige Pirschzeichen. So kann man als Hundeführer einiges falsch machen. Immer hatte ich Münzers Mahnung im Kopf, „den Hunk jonn losse“, und griff bei der Riemenarbeit erst dann zurück, wenn ich wirklich sicher war, dass der Hund falsch war, zumal ich nicht zu denen gehöre, die auf der Wundfährte jeden Tropfen Schweiß finden und daher immer mal wieder eine Bestätigung haben, dass sie noch richtig sind.

In unserem Eifelrevier Brandscheid saß ich im Herbst abends auf Sauen an. Am Rand einer Fichtendickung hatte ich auf 50 Meter Entfernung sparsam gekirrt. Als es dämmrig wurde, erschienen zwei Überläufer. Einen beschoss ich und war mir sicher, gut abgekommen zu sein. Beide Sauen verschwanden in der Dickung. Eine viertel Stunde später erschien an der gleichen Stelle der zweite Überläufer

So schnell ich konnte, holte ich meine Waffe.

Der Hirsch saß noch genau so da, wie ich ihn verlassen hatte, obwohl inzwischen fast zwei Stunden vergangen waren.

Der Fangschuss fiel mir nicht leicht, aber er erlöste ihn.

Ich erinnere mich an ein Gefühl der Wut. Was hatte der Jäger der armen Kreatur angetan! Freude über diese Nachsuche wollte sich nicht einstellen.

Als ich endlich mein Auto wiedergefunden hatte, war es finstere Nacht. Nach etlichen Telefonaten erreichte ich den zuständigen Jagdaufseher, und der Hirsch konnte geborgen werden.

Ärger hat es zum Glück nicht gegeben.

Warum der Hirsch mit einem Laufschusses nicht mehr aus dem Wundbett flüchtig wurde, ist mir bis heute ein Rätsel, ich habe Ähnliches nie mehr erlebt.

In einem großen Jagdgatter im Sauerland standen nach einer Bewegungsjagd mehrere konkrete sowie einige Kontrollsuchen an, die mein Begleiter und ich mit Bredas der Wichtigkeit nach abarbeiteten. Die Nachsuchen, die den schnellsten Erfolg versprachen, nahmen wir uns zuerst vor, nebenbei machten wir die in der Nähe angefallenen Kontrollsuchen.

Auf dem Weg zu einer dieser Kontrollsuchen auf eine Sau lief uns zufällig ein altkranker Damschaufler über den Weg, hinter dem man schon lange her war, ihn aber seit Wochen nicht mehr zu Gesicht bekommen hatte. Er schien wie vom Erdboden verschwunden. Ich schnallte Bredas und nach kurzer Hatz zog der ihn nieder. Der Hirsch hatte einen alten, aber ausgeheilten Hinterlaufschuss und war abgekommen.

Bei fast einem halben Meter Schnee und nahezu Vollmond gab es eine Nachsuche auf einen Überläufer.

Das Ärgerliche an der Sache: Ich selbst war der Unglücksschütze.

Das kam so: Ich stand auf halber Höhe der Hochsitzleiter am so genannten „Wildacker“, als sechs Überläufer anwechselten. Sie wurden unruhig, denn geräuschlos ging in meiner Stellung nichts. Es war zwar taghell, aber meine Schussposition war natürlich nicht die beste. Trotzdem beschoss ich eine der Sauen auf 50 Meter. Leider erhielt sie einen Laufschuss.

Ich besaß Bredas bereits zwei Jahre und inzwischen hetzte er zuverlässig. Trotz hohen Schnees brachte ich die Sau nicht zur Strecke. Man sollte meinen, eine solche Schneelage hätte die Nachsuche erleichtert. Ich hatte den Eindruck, sie hat die Suche eher erschwert.

Einige Zeit kamen wir gut voran. Die Rotte war zusammengeblieben und ich hatte regelmäßig Schweißbestätigung. Dann wurde der Schweiß weniger, schließlich fand ich nichts mehr. Die Suche ging in eine riesengroße Dickung mit Verleitfährten von Reh-, Rot- und Schwarzwild. Der Schnee war über den Fährten zusammengefallen. Am Ende wusste ich nicht mehr weiter.

Kurz vor Dunkelheit brach ich enttäuscht ab.

Wenn ich mich recht erinnere, blieb es die einzige selbst verschuldete Nachsuche auf ein Stück Wild mit einem schlechten Schuss, das ich nicht zur Strecke brachte, seit ich Schweißhunde halte. Das ist sicher nicht so, weil ich ein besonders guter, sondern ein eher vorsichtiger Schütze bin. Nie habe ich irgendwelche Kunstschüsse versucht oder bin ein zu großes Risiko eingegangen, habe weder bei zu schlechtem Licht, auf zu große Entfernung oder auf Träger oder Teller des Wildes zu schießen versucht.

Ich stelle mir vor, dass ich einmal genau so schnell und schmerzlos oder so langsam und qualvoll sterben werde wie das Stück Wild, das ich gerade beschießen will. Das diszipliniert ungemein und hält mich zuverlässig von leichtfertigen Schüssen ab. Zwar glaube ich nicht, dass es da Zusammenhänge gibt und dass es wirklich einmal so kommen wird, wie ich auch nicht glaube, was Politiker vor einer Wahl alles versprechen, manche Jäger nach einem schlechten Schuss alles erzählen oder an die Erbsünder bei den armen, ungetauften Kindern, die Sache mit der Jungfrau Maria und vieles mehr. Dabei bin ich kein ungläubiger Mensch. Wenn meine Frau mir nach einem Abendansitz am nächsten Morgen sagt, dass ich meine Jagdklamotten wieder im Auto habe liegenlassen und dieses wieder aussehe wie Sau, dann glaube ich das.

Und trotzdem. Sicher kommen einem solche Gedanken nicht, wenn man noch jung und voller Passion ist, sondern erst in sehr fortgeschrittener Jugend und veranlassen den Jäger hoffentlich zu mehr Besonnenheit beim Schuss. Ich kann mir nicht vorstellen, dass jemand so abgebrüht ist, dass er nach einem schlechten Schuss nachts ruhig schlafen und am Morgen einfach zur Tagesordnung übergehen kann. Empfindsame Seelen leiden und ich kenne Fälle, die nach einer verschuldeten Tiertragödie das Jagen aufgegeben haben.

Vielleicht wäre das mit dem eigenen Ende auch mal ein Gedanke für die Jäger, die auch dann noch schießen, wenn sie nicht mehr erkennen können, wo vorne und hinten ist. Die allgemeine Erklärung lautet dann, wenn der Schuss vor den Keulen sitzt: „Das Stück muss sich gedreht haben!" Das hört sich an wie: selbst schuld!

Mit Bredas suchte ich im Bergischen Land einen Überläufer nach, den ein Schulfreund laufkrank geschossen hatte. Nach längerer Riemenarbeit wurde die Sau vor dem Hund aus ihrem Wundkessel hoch und ich schnallte. Zuerst gab er Hetzlaut und einige 100 Meter weiter Standlaut. So leise es ging, näherte ich mich unter gutem Wind dem Laut. Bis auf 20 Meter kam ich heran. Die Sau stand ziemlich frei, den Hund sah ich vielleicht fünf Meter seitlich von ihr. Ich schoss, der Überläufer lag und Bredas jaulte auf. Ich lief zu ihm hin und sah, dass er am Hinterlauf schweißte. Sofort fuhr ich mit ihm zu einem Tierarzt. Die Untersuchung ergab, dass er einen Geschoßsplitter abbekommen hatte. Geschossen hatte ich mit einer Büchse im Kaliber 8 x 57 und einem Teilmantel- Rundkopf-Geschoss. Eigentlich hätte unter diesen Bedingungen nichts passieren können. Zum Glück war die Verletzung nicht schwerwiegend und heilte ohne Probleme ab.

Ich machte mir keinen Vorwurf, leichtsinnig geschossen zu haben. Ein Restrisiko bei einem Fangschuss kann man nie ganz ausschließen.

Teilmantelbleigeschosse haben den Vorteil, dass sie eine bessere Stoppwirkung haben und schneller töten als ein Vollmantelgeschoss. Sie bergen allerdings auch die Gefahr von Geschosssplittern für den Hund. In Zukunft dürfen sie ja ohnehin nicht mehr verwendet werden.

Nach einer Bewegungsjagd im Arnsberger Wald im Sauerland war ich mit Bredas auf der Fährte einer Sau mit Weidwundschuss. Der Hund verließ nach etwa 500 Metern die Wundfährte und stand nach 30 Metern vor einem offensichtlich verendeten Frischling, der sich unter einer kleinen Fichte eingeschoben hatte. „So recht, mein Hund!" lobte ich lautstark. Mit der Waffe in Anschlag ging ich bis auf einen Meter an den Wutz heran. Man weiß ja nie, Vorsicht ist immer besser! Nein, der war wirklich tot. Ich hängte das Gewehr wieder auf den Rücken. Um die Sau zu bergen, fasste ich sie an einem Hinterlauf. Es zuckte kräftig in meiner Hand, vor Schreck ließ ich los und weg war sie. Ehe ich die Waffe von der Schulter hatte, war sie hinter den Büschen verschwunden.

Die Untersuchung des Wundkessels ergab, dass sie einen Krellschuss hatte. Am äußersten oberen Rand des Kessels fand ich etwas Schweiß.

Ich schnallte Bredas, doch er kam nach einiger Zeit zurück. Er hatte wohl gemerkt, dass er nicht an die Sau herankam. Hätte ich doch nur geschossen, ich Blödmann war so nah dran. Wieso hat sie den Krach ausgehalten? Ich hatte den Hund gelobt, zweimal repetiert, und sie hatte sich nicht gerührt. Seit diesem Erlebnis weiß ich, dass tote Sauen eben doch nicht immer tot sind, und so habe ich später zur Vorsicht das ein oder andere Mal einen Fangschuss auf Stücke abgegeben, die wirklich tot waren.

Am nächsten Tag haben wir dieses Stück noch lange nachgearbeitet. Irgendwann ging dann nichts mehr und wir gaben die Suche ergebnislos auf.

Wir suchten die Sau mit Weidwundschuss weiter, kamen an sie heran, und im Wegflüchten wurde ich einen Schuss los. Ich schnallte Bredas, und ab ging die Post. Eine Zeit lang war Hetzlaut zu hören, der sich rasch entfernte, dann wurde es still.

Mittlerweile war es dunkel geworden, und wir suchten mit mehreren Jägern nach Hund und Sau. Es wurde Mitternacht, der Hund war immer noch nicht zurück. Ob er geschlagen war? Mir kam die Idee, mit dem Jagdhorn zu blasen. Bredas heulte immer beim Verblasen der Strecke, auch wenn gut geblasen wurde. Mit dem zuständigen Förster fuhren wir die Wege ab. Alle paar hundert Meter blieben wir stehen und ich blies auf dem Jagdhorn. Wie das Geheul eines Wolfes hörten wir endlich die Antwort von Bredas aus der Ferne. Welche Erleichterung! Mir fielen ein paar Steine vom Herzen. Langsam blies ich uns in der Dunkelheit heran, bis wir ihn im Schein der Taschenlampen sahen.

Sieben Stunden hatte er bei seiner toten Sau Wache gehalten.

Meine Frau, unsere beiden Kinder und ich gingen mit Bredas und Julchen im Arnsberger Wald spazieren. Für den nächsten Tag war hier eine Drückjagd angesetzt. Ich sollte anfallende Nachsuchen übernehmen.

Unsere Tochter trug ich auf dem Rücken, Julchen hielt ich an der Leine. Meine Frau schob den Kinderwagen mit unserem Söhnchen und hielt Bredas angeleint.

An einem Dickungsrand entdeckte ich zwei Bachen mit ihren noch recht kleinen Frischlingen. Als sie uns bemerkten, nahmen sie sofort an. Jede nahm sich einen Hund zwischen. Julchen, die ich rasch losgemacht hatte, wurde brutal mit dem Wurf einer der Bachen gegen eine dicke Buche gequetscht. Ich dachte: Jetzt ist sie hin. Die andere Bache ging auf Bredas los. Ich rief meiner Frau zu, sie möge ihn loslassen, damit er ausweichen und sich verteidigen könne. Sie hatte die Leine aber um ihr Handgelenk gebunden und bekam den Hund so schnell nicht frei. Mit der Tochter auf dem Rücken trat ich auf die Bache ein, die den Schweißhund zwischen hatte.

Die ganze Attacke dauerte vielleicht zwei Minuten. So schnell sie gekommen waren, verschwanden die Sauen wieder zu ihrem Nachwuchs.

Beide Hunde blieben unverletzt. Nur meine Frau quälte sich hinterher mit einem lädierten Finger herum. Gott sei Dank war es aber nicht so schlimm, sodass ich ihr nicht bei der Hausarbeit helfen musste.

Wie ich erfuhr, waren in diesem Revier einige Hunde von Spaziergängern durch den Angriff von Sauen zu Tode gekommen.

Ein mir unbekannter Jäger bat um die Nachsuche auf einen laufkranken Rehbock.

Rehwildnachsuchen vermittelte ich stets an befreundete Schweißhundführer mit einem Bayerischen Gebirgsschweißhund aus der näheren Umgebung. Es war jedoch Blattzeit, und ich konnte niemand erreichen. Alle waren im Einsatz.

Der Bock musste aber nachgesucht werden, so sagte ich zu.

Am Anschuss fanden wir alles, was ein Laufschuss so hergibt: Knochensplitter, Wildbret, Schweiß und Schnitthaare.

Ich setzte Bredas an, doch der machte keinerlei Anstalten, der Fährte zu folgen, dabei war diese erst 4 Stunden alt.

Bredas hatte vorher noch nie Rehwild nachgesucht und gelernt, dass Rehfährten absolut tabu für ihn waren.

Ich versuchte, ihn auf die Fährte zu loben, aber er sah mich nur verständnislos an.

Eine halbe Stunde versuchte ich vergeblich, ihm zu vermitteln, dass er in diesem Ausnahmefall nicht nur nachsuchen dürfe, sondern, bitteschön, auch müsse.

Es half alles nichts, Bredas suchte nicht.

Ein Schweißhundführer aus dem Münsterland kam mit seinem erfahrenen Bayerischen Gebirgsschweißhund. Inzwischen war es richtig heiß geworden und die Fährte neun Stunden alt.

Der Hund arbeitete zwar die Fährte einige hundert Meter, den Bock konnte das Gespann leider auch nicht zur Strecke bringen.

Mit einigen meiner Hunde konnte ich einigermaßen schadensfrei auch Rehwild nachsuchen. Trotzdem war in gewissen Situationen bei mir ein Gefühl der Unsicherheit vorhanden, wenn ich beispielsweise mit meinem Hund auf der Wundfährte einer Sau war, die bisher regelmäßig geschweißt hatte, nun aber über eine längere Strecke keine Bestätigung mehr zu finden war. Wusste ich aber, dass mein Hund weder Rehwild- noch andere Gesundfährten arbeitete, kamen solche unangenehmen Gefühle erst gar nicht auf. Es gab erheblich weniger Nervenverschleiß.

Wollte ich überhaupt auch Rehwild nachsuchen?

Es gab sicher gute Gründe dafür, aber auch, es besser zu lassen.

Sicherlich gibt es hervorragende Schweißhunde, meist werden es Bayerische Gebirgsschweißhunde sein, die auf sämtlichen Wundfährten, also auch Rehfährten, Hervorragendes leisten. Allerdings habe ich auch ein erfahrenes BGS-Gespann erlebt, das eine sehr sichere Riemenarbeit auf einen Frischling mit einem Krellschuss gemacht hatte, letztlich allerdings an einer Ricke scheiterte, die Hund und Führer hochgemacht hatten. Trotz mehrmaligem Zurückgreifen schaffte der Hund diese Klippe nicht. Er fand von der Rehfährte nicht mehr zur Schwarzwildfährte zurück.

Nach einigen Übungen und gutem Zureden arbeitete Bredas auch krankes Rehwild. Für den Fall, dass ich niemand für eine Rehwildnachsuche erreichen konnte, wollte ich besser gerüstet sein, es aber bei Ausnahmen belassen. Außerdem war der Hund jetzt in einem Alter, in dem ich keine Nachteile bei Suchen auf die Wildarten befürchtete, die wir normalerweise nachsuchten: in erster Linie Schwarzwild, seltener Rotwild und gelegentlich Damwild.

Ein befreundeter Förster hatte einen sehr interessanten, bis dahin unbekannten Rehbock beschossen. Durch eine Bastverletzung während des Schiebens hatte dessen Gehörn mehr Enden, als man es von einem normalen Bock kennt, dazu noch dicke Rosen und es war gut geperlt. Eine wirklich außergewöhnliche Trophäe.

Es wurde eine Nachsuche erforderlich und Bredas fing den Bock. Die Freude des Försters über dieses seltene Gehörn und meine über die erfolgreiche Nachsuche war groß.

Als der Forstamtsleiter den Bock sah, bekam der Förster ein dreimonatiges Jagdverbot. Da hatte es doch tatsächlich jemand gewagt, „seinen" Bock zu schießen, den er in seinem Leben noch nie gesehen hatte. Sein Kommentar: „Da waren sie wohl im Blutrausch!"

Es scheint für manche Menschen gar nicht so leicht zu sein, einem Anderen auch etwas zu gönnen. Wäre er ein Kölner gewesen, hätte er gewusst: Mo muss och jünne künne. Sicherlich ist diese Eigenschaft aber nicht nur auf Jäger begrenzt.

Missgunst und Neid gibt es leider überall auf der Welt.

Dieser Forstchef, der den Wald sein Eigen nannte und lieber selbst den starken, abnormen Bock geschossen hätte, hatte auf der Drückjagd eine Sau beschossen. Der Schuss saß tief vor den Keulen, was sicher jedem Jäger einmal passieren kann.

Drei Tage dauerte die schwierige Nachsuche, bis wir die Sau fanden. Sie war stark von Füchsen angeschnitten und nicht mehr zu verwerten. Nach einer Stehzeit der Fährte von zuletzt drei Tagen und nur den ersten paar hundert Metern Schweißbestätigung kommt auch ein Schweißhund (und Führer) bei einem Weidwundschuss an seine Grenzen.

Der hohe Schütze meinte: „Das war aber eine sehr schöne Übung für ihren Hund!" Da musste ich ihm Recht geben. Wir bekamen sogar ein kleines Schnäpschen spendiert. Anschließend sind alle an der Nachsuche Beteiligten noch ins Wirtshaus gegangen und haben die Sau gebührend tot getrunken und tot gegessen. Das kleine Schnäpschen war uns zu diesem Anlass zu wenig. „Mo jönnt sich jo sons nix."

Leider findet man heute immer seltener die Zeit, sich nach einer Nachsuche in gemütlicher Runde zusammen zu setzen und Jagdfreundschaften zu pflegen.

Im Bundesforst war ein Rothirsch beschossen worden. Nach längerer Riemenarbeit wollte Bredas geschnallt werden und ich tat ihm den Gefallen. Welche Verletzung der Hirsch hatte, wusste ich nicht. Nach der Beurteilung des Anschusses und dem Verlauf der Fährte schien er jedenfalls nicht sehr krank zu sein. Die Hatz verlor sich in der Ferne. Bis in die Dunkelheit bekamen wir keine Verbindung mehr zu Hirsch und Hund. Die Nacht über blieb ich im Revier, fuhr sämtliche Straßen ab, blies mit dem Horn, rief, verhörte, legte Sachen aus, die der Hund kannte. Das ganze Programm, was man so unternimmt, wenn ein Hund weg ist.

Am nächsten Morgen riefen der befreundete Förster Emil Brocher und ich die umliegenden Tierheime, Polizei- und Feuerwehrstationen an, bekamen jedoch keine positive Rückmeldung!

Warum war ich nicht auf die Idee gekommen, die Hirschfährte von einem anderen Gespann nacharbeiten zu lassen? Es war wohl Mangel an Erfahrung. Ich war einfach nicht darauf gekommen. Im Nachhinein betrachtet hätte es nichts genutzt, obwohl es den Versuch wert gewesen wäre.

Inzwischen machte ich mir ernsthafte Sorgen. War Bredas vielleicht geforkelt, überfahren oder mitgenommen worden? Telemetriegeräte gab es seinerzeit noch nicht. Einen ganzen Tag suchten wir erfolglos nach dem Hund. Immer wieder riefen wir bei den Tierheimen an. Stets erhielten wir die gleiche Antwort. Ein hirschroter Schweißhund, so groß wie ein Boxer, nur mit längerer Rute und Schlappohren war nicht abgegeben worden. In einem Tierheim gab man an, man wisse schon, wie ein Schweißhund aussehe.

Die Sorge um meinen Hund wuchs.

Am dritten Tag sollten 200 belgische Soldaten das ganze Gebiet nach Hund und Hirsch absuchen. Außerdem stand ein Hubschrauber bereit, ein großzügiges Entgegenkommen des Leiters des Bundesforstamtes, Jörg Paape, und der belgischen Kommandantur, die hier ihre Soldaten stationiert hatte, Jagdrecht besaß und im Bundesforst ihre Übungen und Manöver abhielt.

Emil Brocher kam auf die Idee, doch erst mal bei dem nahe gelegenen Tierheim in Troisdorf vorbeizufahren und nachzusehen, ob unser Hund wirklich nicht dort war. Das taten wir und siehe da, Bredas lag im letzten Zwinger. Die Freude, ihn lebend und unverletzt wiederzuhaben, war natürlich groß. Ärgerlich waren allerdings die Umstände. Der Hund war schon am ersten Abend von einer Frau auf der Straße aufgegriffen worden. Er kam von der Fehlhetze zurück und suchte mich. Die Dame hatte Bredas in das Tierheim gebracht, das einen

Schweißhund zu kennen glaubte. Obschon ich jeden Tag mehrmals nachfragte, hatte man nicht erkannt, dass es sich um den gesuchten Hund handelte. Bredas wurde durchgeimpft, und ich durfte auch noch die Unterbringung bezahlen. Eine Entschuldigung gab es nicht!

Der Hirsch wurde einige Wochen später in der Brunft zufällig verludert gefunden. Er war aber nicht an der nur leichten Schussverletzung am Vorderlauf verendet, sondern geforkelt worden.

Nach einer Drückjagd im Sauerland hatte mein Begleiter Heinz Medbach, Bredas und ich den ganzen folgenden Tag nachgesucht. Mehrere konkrete Suchen waren dabei und zwischendurch jede Menge Kontrollsuchen. Die Zeit, eine vernünftige Pause einzulegen, hatten wir uns nicht gegönnt. Kurz vor Dunkelheit kamen wir noch an den Anschuss einer Sau mit Weidwundschuss. Sie schweißte stark und es schien, als könnten wir sie noch auf die Schnelle mit zur Strecke legen. Doch Bredas war nicht mehr zu bewegen, der Fährte zu folgen, er konnte und wollte nicht mehr.

Am nächsten Tag war die Suche kein Problem mehr, der Hund war wieder fit. Die Sau lag nach ein paar hundert Metern.

Es war das erste und einzige Mal, dass einer meiner Hunde aus Erschöpfung eine solche Arbeit verweigert hat. Dabei hatte ich nicht den Eindruck, dass dies eine körperliche, sondern eine „geistige" Erschöpfung war. Jedenfalls machte Bredas nicht den Eindruck, dass er konditionelle Probleme habe.

Die Jahre vergingen und Bredas war alt geworden, seine Kräfte schwanden und er wurde schwach auf der Hinterhand. Das Leben meines Hundes näherte sich seinem Ende. Seine Passion hatte er aber behalten.

Ich wollte ihm noch einmal etwas gönnen und ließ ihn die Fährte einer Sau mit Leberschuss arbeiten, die ein Jagdfreund abends krank geschossen hatte. Ungefähr 300 Meter waren wir der Wundfährte gefolgt, da hatte die Sau einen Graben von einem Meter Tiefe überfallen. Bredas rutschte in den Graben und kam aus eigener Kraft nicht wieder heraus. Ich half ihm, wir legten eine Pause ein und suchten weiter. Zum Glück lag die Sau bald. Fortan bekam er sein Gnadenbrot. Zu Nachsuchen setzte ich ihn nicht mehr ein. Er kam auch nicht mehr in den Zwinger, sondern lebte nur noch im Haus und lag auf seinem Lieblingsplatz in der Ecke am Kamin.

Mitunter träumte er. Er zuckte dann mit den Pfoten oder Läufen und bellte leise im Schlaf. Sicher war er im Traum gerade hinter einem Wildschwein her. Jedenfalls wünschte ich es mir.

Mit vierzehn Jahren wechselte er in den Hundehimmel.

Gamsi

Ich suchte einen Hund speziell für Rehwildnachsuchen.

In der „Pirsch“ stieß ich auf eine Anzeige, in der eine zweijährige Brandlbracke angeboten wurde. Nach Aussage des Züchters aus dem Schwarzwald sollte sie für Rehwildnachsuchen bestens geeignet sein und so vergrößerte sich unsere Familie um Dorle von der Jachenau. Ich verbrachte viel Zeit mit unserem neuen Hund, doch musste ich achtgeben, dass Bredas und Julchen sich nicht vernachlässigt fühlten.

Bald stellte sich jedoch heraus, für eine sorgfältige Riemenarbeit brachte die Hündin nicht die erforderliche Ruhe mit. Es zeigte sich aber auch, dass Gamsi – wie ich sie nannte – einige andere hervorragende Eigenschaften besaß. Sie war wildscharf und hetzte wie der Teufel, natürlich fährtenlaut. Die Hetzen wurden erheblich kürzer als zuletzt mit Bredas, der ja schon in die Jahre gekommen war.

Bei Drückjagden fand sie die Sauen in kürzester Zeit und jagte nur bis hinter die Schützenlinie, dann ging es zurück in die Dickung. Sie war also komplett bogen- und außerdem absolut rehrein. Nie habe ich sie nach einer Jagd suchen müssen. Sobald abgeblasen wurde, war sie wieder bei mir.

Gamsi war ein Kletterkünstler, was ihr auch den Rufnamen eingebracht hatte. Sie erkletterte den höchsten Hochsitz, und zu meinem Schrecken sprang sie auch einmal fünf Meter in die Tiefe. Zum Glück war ihr nichts passiert. In Zukunft hieß es aber besser aufpassen.

Die Hündin war extrem anhänglich, immer wollte sie in meiner Nähe sein. Ich habe es anfangs nicht geschafft, sie für ein paar Stunden alleine im Zwinger zu halten.

Wollte ich sie ablegen, kam sie bald hinter mir her gekrochen

Kadavergehorsam mag ich nicht, deshalb habe ich nie versucht, sie mit Zwang abzurichten. Für viele Hundeführer ist das sicher unverständlich, aber sie haben auch Gamsi nicht gekannt.

Einmal mussten wir einen Urlaub in Spanien abbrechen, da sie vor Trauer eine Woche lang nichts gefressen hatte, obwohl sie von Menschen versorgt wurde, die sie gut kannte und in ihrer gewohnten Umgebung geblieben war.

Gamsi wurde leider mit sechs Jahren bei einer Drückjagd kurz vor Weihnachten erschossen. Sie war hinter einer Rotte Sauen her, die wir in der Dickung hochgemacht hatten und der sie fährtenlaut folgte.

Der Unglücksschütze gab an, sie hätte stumm an den Sauen gejagt. Er hatte die beschossene Sau gefehlt und den Hund getroffen. Da Gamsi nicht sofort tot war, hatte er noch einen Fangschuss gegeben, was sicher bei der schweren Schussverletzung an den Keulen richtig war. Ein Tierarzt hätte hier nicht mehr helfen können.

Dass die Hündin stumm gejagt hätte, war eine sehr fragwürdige Schutzbehauptung bei einer Bracke, die allgemein als fährtenlaut bekannt war.

Das Weihnachtsfest fiel in diesem Jahr recht traurig aus.

Maud

Von der Familie Walter Tassius am Edersee erwarb ich Maud, einen dunkel gestromten HS-Welpen.

Nach der für Schweißhunde üblichen Jugendförderung bekamen wir zur rechten Zeit die richtigen Nachsuchen, was ja leider nicht immer der Fall ist.

Im Alter von einem Jahr stand für Maud die Vorprüfung an.

Am Vortag fuhren meine Frau und ich bis in die Nähe des Prüfungsreviers bei Bad Berleburg und quartierten uns in einem Gasthof ein. Wir wollten morgens keinen Stress haben und nicht in Zeitnot geraten. Gut ausgeruht und gestärkt durch ein üppiges Frühstück konnte es endlich losgehen.

Richter, Hundeführer mit ihren Hunden und eine Korona von Interessierten fuhren ins Revier, nachdem die Fährten per Stöckchenziehen verlost waren.

Ich zog die Nummer eins, was ich zu diesem frühen Zeitpunkt als gutes Omen ansah.

Maud musste die kalte – also wenigstens vier Stunden alte – Fährte eines Hirsches arbeiten, der morgens beobachtet wurde. Die Richter freuen sich immer, wenn Hund und Führer diese finden. Sie suchte vorhin, verwies die Fährte und arbeitete diese ruhig und sicher, bis wir von den Richtern abgerufen wurden. Das sollte Gefallen bei den Prüfern gefunden haben.

Als Nächstes war Leinenführigkeit gefragt. Hier haben die Herren gerne, wenn nicht allzu oft ein Baum zwischen Hund und Führer im Wege steht, sondern der Hund dicht bei Fuß geht, ohne sich zu verheddern. Auch das klappte bestens, ebenso die Gehorsamsübungen. Hier mögen es die Richter, dass ein Hund kommt, wenn man ihn ruft. Muss ein Führer mehrmals rufen oder eine andere Sache klappt nicht so gut, so gibt das Abzüge bei der Bewertung und man muss sich bei der Preisverteilung ruhig und bescheiden verhalten und kann nicht angeben.

Nun kam nur noch das Fach: „Ablegen“, unsere leichteste Übung.

Nach den bisher gezeigten Leistungen kam etwas anderes als frei ablegen gar nicht in Betracht.

Zwanzig Minuten hatten wir die Hündin aus unserem Versteck hinter Sträuchern beobachtet. Sie lag da und rührte sich nicht. Das war ja auch nicht anders zu erwarten. Dann musste ich schießen. Auf den Schuss hin setzte sie sich kurz, legte sich aber sofort wieder hin. Nur noch fünf Minuten, und wir waren durch.

Das sah doch alles sehr preisverdächtig aus. Wir warteten.

Die letzten Minuten wurden Maud offensichtlich doch etwas lang. Sie stand auf, reckte sich, orientierte sich kurz und schlappte seelenruhig auf mich zu. Damit waren wir durchgefallen. Was vorher war, zählte nichts. Was man nicht alles im Leben lernen muss.

Die Preise heimsten an diesem Tag die Anderen ein. Ich gönnte es ihnen. Und doch, ein bisschen mehr hätte ich es aber mir gegönnt.

Einer der Prüfer, Berthold Münzer, sagte in seiner bekannt drastischen Art zu mir: „Albert, du Arschloch, warum bings du dingen Hunk nit an enne Baum fest?“

Die Frage war berechtigt, Hochmut kommt bekanntlich vor dem Fall.

Bei der Wiederholung der Prüfung band ich sie an, ich war ja noch lernfähig.

Berthold Münzer war ein Original, wie es sie heute so nicht mehr gibt. Das ist sehr bedauerlich. Er sagte stets, was er dachte, da brauchte man keine Klimmzüge zu machen und zwischen den Zeilen zu lesen. Gab sich ein Jäger am Anschuss allzu schlau, so bekam der schon mal zu hören: „Halt du mal dein Maul, du hast doch sowieso keine Ahnung!“ In der Regel war dann Ruhe.

Einige Male sind mir auch solche Jäger untergekommen, und ich hätte denen gerne „den Berthold gemacht“. Irgendwas hat mich dann aber doch davon abgehalten. Schade eigentlich, verdient hätten es einige gehabt. Aber jeder ist halt, wie er ist, mitunter zu verständnisvoll, zu zahm, zu viel Golden Retriever und zu wenig Terrier!

Ich bin mir sicher, dass sich so mancher Eifeljäger nach „überstandener“ Nachsuche mit Berthold Münzer gerne an diesen hervorragenden Schweißhundführer erinnern wird, selbst wenn er einmal heftig von ihm angenommen und zurechtgestutzt bedröppelt und einen Kopf kleiner nach Hause geschlichen ist.

Als Maud zwei Jahre alt war, konnte ich alle anfallenden Nachsuchen annehmen, was mit einem so jungen Hund keineswegs selbstverständlich ist. Gab es einmal Zweifel, ob eine Nachsuche wirklich ausgereizt war, ließ ich sie zur Sicherheit von einem anderen Gespann kontrollieren. In aller Regel machte das Franz Bongartz mit seinem HS-Rüden Etzel Labody.

Zuerst dachte ich, es sei Zufall.

Meine Frau und ich hatten uns ein paar Tage Urlaub gegönnt, Maud schlief während der mehrstündigen Autofahrt in ihrer Flugbox. Als wir 100 Meter von unserem Haus entfernt waren, wurde sie munter und wusste offensichtlich, dass wir wieder zu Hause waren. Ich wollte wissen, ob sie tatsächlich regelmäßig bemerkte, wann wir wieder daheim waren, so beobachtete ich sie genauer auf ihr Verhalten. Es war tatsächlich so, dass sich Maud kurz vor unserer Haustür bemerkbar machte, gleichgültig, wie lange wir gefahren waren und wo wir herkamen. Es passierte sehr selten, dass sie erst wach wurde, wenn ich den Wagen schon abgestellt und den Motor ausgemacht hatte. Meine anderen Schweißhunde verhielten sich ähnlich. Dieses Verhalten ist sicherlich ein weiterer Beweis für die Beobachtungsgabe und das Witterungsvermögen von Hunden.

Ein anderes Verhalten fand ich ebenfalls bemerkenswert. Wir hielten Maud teils im Zwinger, aber auch im Haus. Hier hatte sie ihre Lieblingsliegeplätze, die sie dahin verlegte, wo meine Frau oder ich uns gerade aufhielten.

Häufig am Tag schellte das Telefon. War ein Anruf privat oder geschäftlich, blieb sie ruhig auf ihrem Platz liegen. Rief aber ein Jäger wegen einer Nachsuche an, stand sie auf, setzten sich neben mich und wich mir nicht mehr von der Seite. In kürzester Zeit merkte sie – woran auch immer – dass es gleich zur Nachsuche ging. Meine Frau behauptete: „Die riecht deinen Angstschweiß!"

Dass ein Hund reagiert, wenn man sich die Jagdklamotten anzieht und das Gewehr umhängt, ist ja leicht nachzuvollziehen, aber auf ein Telefonat?

Maud hatte 1978 Welpen bekommen. Damit sie ihre Ruhe hatte, verlegte ich sie samt Wurfkiste und ihrem Nachwuchs in den Keller. Mit Gamsi an der Leine kam ich den Kellergang entlang. Ehe ich mich versah, fiel Maud über sie her und biss sie dermaßen zusammen, dass ich mit ihr zum Tierarzt musste. Bisher hatten sich beide Hunde immer bestens vertragen. Maud sah sicher ihre Welpen in Gefahr und wollte diese verteidigen.

Nach diesem Vorfall konnte ich die Hunde leider nicht mehr zusammenlassen. Die Bracke drückte sich stets ängstlich in großem Bogen um die Schweißhündin.

An Maud hatte die ganze Familie sehr viel Freude, wie an den anderen Hunden natürlich auch.

Es bleibt die Erinnerung an so manches Nachsuchenerlebnis.

Leider wurde sie im besten Nachsuchenalter von acht Jahren bei einer Hetze auf eine angefahrene Sau überfahren. Danach habe ich mir große Vorwürfe gemacht. 300 Meter von der Straße entfernt hätte ich nicht schnallen dürfen. Ein gewisses „Berufsrisiko" lässt sich aber bei einem Schweißhund nicht ausschließen. Absolute Sicherheit gibt es nicht. Selbst wenn man zwei Kilometer von der nächsten Straße entfernt schnallt, kann ein Unfall passieren, wenn man Pech hat. In der Nähe viel befahrener Straßen sollte man sorgfältig abwägen, ob und wann man zur Hetze schnallt.

Die Nachsuchen sind für unsere Hunde durch den stark zugenommenen Autoverkehr und die damit verbundenen Gefahren schwieriger und zeitaufwändiger geworden. Bisweilen kann man nur mit Vorstehschützen versuchen, ein krankes Stück zu bekommen, zumal, wenn eine längere Hetze zu erwarten ist.

Baldo

Baldo kam als Welpe zu mir, als Maud etwa fünf Jahre alt war.

Mit dem befreundeten Förster Emil Brocher holte ich ihn bei dem Berufsjäger Heinz Nathaus in Röttgen in der Eifel ab.

Nach bestem Wissen wurde er eingearbeitet, was man so alles mit einem jungen Schweißhund anstellt, das ganze Standardprogramm.

Leider machte ich mit dem Hund einen entscheidenden Fehler, den einige andere Schweißhundführer sicher auch kennen: Ich ließ ihn hetzen, bevor er sicher in der Riemenarbeit war.

Baldo hetzte hervorragend. Wenn es etwas zu fangen gab, Baldo hetzte es zu Stande oder zog es nieder. Maud machte die Riemenarbeit, Baldo die Hetzen. Die beiden waren ein gutes Team.

Bald gab es aber ein weiteres Problem, auch das war wieder auf meinen Führungsfehler zurück zu führen.

Am Anfang hatte ich keine Erklärung für das Verhalten des Hundes, bis mein Sohn mir geistig auf die Sprünge half.

Die Zeiten, in denen es umgekehrt war, sind offensichtlich lange vorbei, das ist auch gut so.

Es begann so: Ich war mit Baldo im Revier und ließ ihn frei laufen. Das war eigentlich kein Problem, da er gelernt hatte, dass er nicht an gesundem Wild jagen durfte.

Ein Spaziergänger nahte mit seinem Schäferhund, der ebenfalls nicht angeleint war. Dieser Hund, größer und schwerer als Baldo, stürzte sich sofort auf ihn. Es gab eine kurze Beißerei, dann lag der Schäferhund auf dem Rücken und mein Hund hielt ihn mit Kehlgriff am Boden.

Der Besitzer des Schäferhundes kam aufgeregt angerannt, und nachdem sein Hasso keinerlei Gegenwehr mehr leistete, konnten wir die Hunde vorsichtig trennen. Der gute Mann sah ein, dass sein Hund die Beißerei angefangen hatte, daher bezahlte er seine

Tierarztrechnung selber. Baldo war zum Glück unverletzt geblieben.

Als wir wieder alleine waren, lobte ich ihn für seine Tat. Er hatte sich ja nur verteidigt. Ich war richtig stolz auf meinen Hund, der das bestimmt registriert hat.

Einige Zeit später gab es einen weiteren Fall mit dem ähnlichem Ergebnis. Daraufhin wurden die Begegnungen mit anderen Hunden für mich sehr unerfreulich.

Baldo hatte wohl verknüpft, dass er mir eine Freude machte, wenn er andere Hunde unterwarf und biss. Er beließ es aber leider nicht bei Selbstverteidigung, sondern griff nun auch selber an, und zwar unabhängig von der Größe, dem Alter und Geschlecht anderer Hunde. Sogar an einem kleinen Teckel hatte er sich einmal vergriffen und so gab es einige Versicherungsfälle. Schließlich konnte ich ihn keinen Schritt mehr unangeleint laufen lassen.

Baldo wurde leider mit drei Jahren überfahren, noch bevor er eine sichere Riemenarbeit machte und ich die Probleme, die er mit anderen Hunden hatte, hätte in Angriff nehmen und abstellen können.

Arx

Für Baldo musste ich schnell Ersatz finden.

Ein Förster aus dem Schwarzwald bot mir seinen dreijährigen Hannoverschen Schweißhundrüden an. Er war in ein anderes Revier versetzt worden, wo für den Hund zu wenig Arbeit anfiel.

Die Vermittlung hatte wieder einmal Ina Peters hergestellt.

Mit meinem Försterfreund Achim Büscher fuhr ich gen Süden, um mir den Hund anzusehen. Von seinem Berufskollegen wurden wir sehr freundlich begrüßt, von dessen Hund nicht. Er lag unter dem Schreibtisch, und als die Tür – zur Vorsicht nur einen kleinen Spalt breit – geöffnet wurde, fletschte Arx die Zähne und knurrte so böse, wie ich noch nie einen Hund habe knurren hören.

Wie sollten wir dieses Raubtier schadensfrei nach Hause bringen?

Die Züchterfamilie Ina und Udo Peters – Udo Peters wurde später Zuchtwart des „Verein Hirschmann" – hatte mich jedoch dahingehend vorgewarnt, dass Arx ein wenig unzugänglich sei. So war eine große Tüte Hundekuchen und andere Leckereien im Gepäck. Auch so nützliche Dinge wie dicke Lederhandschuhe und ein großes Handtuch hatte ich vorsorglich dabei.

Der Förster meinte, wenn wir mit dem Hund nach draußen gingen, wäre dieser vielleicht etwas umgänglicher, wobei mich das „vielleicht" doch ziemlich irritierte.

Wir folgten dem Ratschlag, andere Optionen gab es ja ohnehin nicht.

Arx wurde herausgeführt, selbstverständlich angeleint, und ich warf ihm sofort ein paar Hundekuchen vor die Pfoten. Bestechen hilft oft und ist mitunter die einzige Lösung, um ein Ziel zu erreichen, auch bei Hunden. Jedenfalls fiel er sofort über meine milden Gaben anstatt über mich her. Guter Hund!

Wir unternahmen einen ausgedehnten Reviergang.

Der Hundekuchen nahm ab und das Zutrauen des Hundes zu, meines ebenfalls.

Nachdem wir uns einige Stunden vor Ort mit ihm beschäftigt hatten, kam der kritische Zeitpunkt der Abreise. Mein Försterfreund setzte sich hinters Steuer, ich auf den Beifahrersitz. Ich hielt Arx eine Hand voll Hundekuchen hin, dargereicht mit echten Lederhandschuhen, wie Schweißer sie bei der Arbeit und ich bei der Nachsuche verwende, damit ich mir die Hände nicht an den Dornen zerkratze. Er bediente sich, erfreulicherweise nur mit den Hundekuchen.

Arx stieg zu mir ins Auto, Türe zu, zum Abschied freundliches Winken, und ab ging es Richtung Köln.

Ich hoffte, die umgängliche Mentalität der Menschen der dortigen Region würde sich mit der Zeit auf den Hund übertragen.

Zunächst hatten wir es aber nicht mit einem niedlichen, kleinen Teckel, sondern mit einem kraftstrotzenden Schweißhund zu tun, der sehr übellaunig werden konnte. Zur Vorsicht hatte ich mir noch das Handtuch um den Arm gelegt.

Ich verfütterte meine Restbestände an Hundekuchen. Kurz hinter Frankfurt waren meine Vorräte zu Ende. Hoffentlich nahm Arx mir das nicht übel!

Ohne Zwischenfälle kamen wir jedoch zu Hause an.

Was hatten wir doch für einen lieben Hund!

Inzwischen war es Nacht geworden. Zum Schlafen legte ich mich in die Diele auf eine Luftmatratze. Arx band ich mit einem Meter Sicherheitsabstand neben mir fest. Es gab für Herrchen und Hund noch etwas zu essen und zu trinken, dann schlief ich neben meinem neuen Hund ein.

Nachts wurde ich wach und legte meine Hand auf seinen Rücken. Sofort biss er zu, ließ aber zum Glück augenblicklich wieder los.

Ich machte Licht, er fletschte die Zähne und knurrte böse. Ein paar Hundekuchen und beruhigendes Zureden besänftigten sein aufgewühltes Gemüt wieder. Der Rest der Nacht verlief ohne weitere Zwischenfälle.

Meine Frau und die Kinder musste ich aber zunächst unbedingt von Arx fernhalten.

Die nächsten Tage war ich viel mit ihm unterwegs, und wir gaben uns beide Mühe, einander näher zu kommen.

Es dauerte fast ein halbes Jahr, bis meine Frau und andere Personen den Hund gefahrlos anfassen konnten.

Warum war Arx nur so bissig geworden?

Dazu muss man wissen, dass er in einer sehr einsam gelegenen Försterei gelebt hatte und bewusst isoliert gehalten wurde. Kontakte zu Personen, die ins Forsthaus kamen oder dort lebten, zu Waldarbeitern, Jagdgästen, Familienangehörigen, Freunden oder Feinden, sollten wohl nicht gepflegt werden.

Ich denke, dass dies der Grund seines Verhaltens war.

Jedenfalls war der Hund nach gut einem halben Jahr gegen jedermann lammfromm, nachdem ich ihn behutsam mit anderen Menschen in Kontakt gebracht hatte. Zuerst mit denen, die ich nicht besonders leiden konnte, später auch mit guten Freunden.

Von dieser positiven Veränderung seines Wesens konnte sich auch die Züchterfamilie Peters anlässlich der Pfostenschau bei einer Jahreshauptversammlung überzeugen.

Aus Arx war ein richtig friedlicher und menschenfreundlicher Rheinländer geworden.

Leider konnte ich nur kurze Zeit – ein gutes Jahr – mit ihm nachsuchen.

Bei einer Nachsuche auf eine angefahrene stärkere Sau wurde er von dieser bei der Hetze schwer geschlagen.

Ein an der Nachsuche beteiligter Förster, der mit vorgestellt war, hatte einen Fangschuss auf die von Arx gestellte Sau abgegeben. Daraufhin ging diese flüchtig ab. Bei der Hetze bekam der Hund einen Schlag dort ab, wohin Keiler Hunde gemeinerweise meistens schlagen: von unten vor die Keulen.

Ich befand mich etwa 60 Meter entfernt, als der Fangschuss fiel. Es dauerte ein paar Minuten, da kam Arx aus der Dickung, in der er den Keiler gestellt hatte, zu mir. Er zog einen Meter Darm, voller Äste, Nadeln und Erde hinter sich her.

Arx legte sich vor mich hin auf die Seite und ließ sich verarzten.

Es sah schlimm aus. Der Bauch war über 30 cm lang bis zu den Keulen aufgeschlagen. Ein Stück von der Milz fehlte und er blutete stark, sein Zahnfleisch war blass. Vorsichtig entfernte ich die gröbsten Äste und legte die Därme in die Bauchhöhle zurück. Er war ansprechbar und ließ alles ruhig über sich ergehen. Zwar fasste er ein paar Mal nach meinem Arm, biss aber nicht zu.

Es war schon erstaunlich, wie viel Vertrauen dieser bissige Hund in dem einen Jahr zu mir bekommen hatte.

Inzwischen waren meine beiden Begleiter bei mir. Wir legten Arx auf meinen Parka und trugen ihn zum Auto.

Handys hatten wir noch nicht, und so konnten wir erst vom Forsthaus aus versuchen, einen Tierarzt zu erreichen.

Es verging viel zu viel Zeit, bis er endlich operiert wurde.

Arx kam an den Tropf, der Tierarzt reinigte die Därme, legte alles wieder an seinen rechten Platz und nähte die Wunde zu.

Dann war Arx tot.

Schweißhundführer Franz Bongartz suchte den Keiler weiter nach. Der lag nach 80 Metern mit Lungenschuss.

Konnte ich dem Keiler verdenken, dass er bis zuletzt um sein Leben gekämpft und sich gegen Arx zur Wehr gesetzt hat, wie es seiner Natur entsprach? Ich konnte es nicht, auch wenn es meinem Hund das Leben gekostet hatte.

Jedes Mal, wenn man einen Hund verliert, herrscht große Trauer in der Familie. Es sollte nicht das letzte Mal sein.

Bessie

Wieder einmal war ich auf der Suche nach einem neuen Hund.

Das ist gar nicht so leicht, wenn man unbedingt einen Hannoverschen Schweißhund haben möchte. Woher nehmen und nicht stehlen?

Da kam mir eine Idee. An Hannes Schäfer, Jagdaufseher in einem herrlichen Eifelrevier mit Rot-, Reh-, Schwarz- und Muffelwild, hatte ich einen Welpen von Maud abgegeben. Die Hündin war inzwischen drei Jahre alt. Wenn ich die bekommen könnte, wäre das die ideale Lösung.

Also rief ich an: „Hannes, der Arx ist tot, kannst du mir nicht deine Bessie geben?"

„Die kriegst du nicht", kam die spontane Antwort. „Hannes, überleg es dir, ich ruf dich in ein paar Tagen wieder an. Denk noch mal darüber nach!"

Eine Woche später rief ich wieder an.

„Was ist, Hannes, hast du mal darüber nachgedacht?"

„Wenn du mir einen kleinen Münsterländer besorgst, kriegst du deine Bessie.

Das war doch mal ein Geschäft!

Hannes bekam einen kleinen Münsterländer, und ich einen neuen Schweißhund, dazu noch aus eigener Zucht.

Obwohl Bessie bis dahin wenig Erfahrung gesammelt hatte, war sie vom ersten Tag an ein sehr zuverlässiger Schweißhund mit sicherer Riemenarbeit und fährtenlauter Hetze. Sie bereitete keinerlei Schwierigkeiten und erinnerte in ihrer Arbeitsweise sehr an ihre Mutter Maud.

Sieben Jahre haben wir zusammen nachgesucht.

Obschon es keinerlei Anzeichen dafür gab, dass Bessie irgendwelche gesundheitlichen Probleme hatte, lag sie eines Morgens tot in ihrer Hütte.

Arko

Arko übernahm ich im Alter von fünf Jahren von Franz Bongartz, dem Nachfolger von Berthold Münzer im Forstamt Kottenforst bei Bonn mit der Schweißhundstation, die 1952 von dem damaligen Forstamtsleiter Rolf Hocker und dem Revierförster Adolf Lüttich gegründet wurde, und der bis Kriegsende Schweißhundführer im Harz gewesen war.

Arko war in regelmäßigem Nachsucheneinsatz und hatte schon gute Leistungen gezeigt. Es gab nur auf einmal ein Problem: Er hetzte nicht mehr.

Mit dem nicht hetzenden Bredas hatte ich wertvolle Erfahrungen sammeln können und so war ich mir sicher, Arko wieder ans Hetzen zu bringen.

Was war nun ein reeller Preis für diesen Hund? Der Welpenpreis für einen Hannoverschen Schweißhund lag in jener Zeit bei 800 DM.

Ich bekam ihn für 800 DM unter Welpenpreis.

Arko lebte sich bestens ein, wir kannten uns ja auch schon recht gut, da wir uns bei Nachsuchen öfter begegnet waren. Dann stellte sich schon bei den ersten Nachsuchen heraus, es gab überhaupt kein Hetzproblem, Arko hetzte.

Das lässt sich vielleicht so erklären: Arko hatte ein „goldenes" Auge, wodurch, konnte uns kein Tierarzt sagen, wahrscheinlich aber durch eine zurückliegende Entzündung. In der Augenklinik in Gießen wurde ihm eine neue Linse eingesetzt, leider ohne den erhofften Erfolg. Der Hund war offensichtlich in seinem Sehvermögen beeinträchtigt und dadurch eine Zeit lang bei der Hetze verunsichert. Da er von Natur aus aber sehr wildscharf war, hatte er schnell gelernt, mit dieser Beeinträchtigung zu leben und auch wieder zu hetzen.

Sauen bis 35 kg fasste er, wenn eben möglich, am Teller, zog sie auf die Seite und hielt sie fest, bis ich heran war. Hatte Arko einmal zugefasst, gab es kein Entrinnen mehr. Auf einer Hauptprüfung nach Hetze und Fangschuss – die Sau hatte den Kern des Geschosses, das zuerst ein armdickes Bäumchen durchschlagen hatte, vor den Keulen ohne Ausschuss – nannte ein Richter das einmal: „energisches in Besitz nehmen."

Arko ließ nur ein Stück Wild los, wenn ich ihm ins Ohr blies. Das mochte er auf den Tod nicht leiden. Nahm ich einen Behang hoch und blies hinein, ließ er kurz los und schnappte nach mir. Beißen wollte er jedoch nicht, dafür konnten wir beide uns zu gut leiden. Ein Helfer konnte das Stück dann schnell wegziehen.

Nach ein paar unliebsamen Erfahrungen ließ er schon los, wenn ich nur seinen Behang anhob. Er wusste dann, gleich bläst Herrchen wieder. Der nächste Schritt war: ich sprach ihn an, damit er mich ansah. Dabei zeigte ich ihm Daumen und Zeigefinger. Er hatte verknüpft, dass ich nach dieser Geste als nächstes seinen Behang hochnehmen und hinein blasen würde.

Daraus musste sich doch was machen lassen, und das war auch so.

Hatten wir ein Stück Wild gefunden und Arko hatte es in gewohnter Manier „energisch in Besitz genommen", so sagte ich dem Jäger, meistens war es der Schütze: „Nimm doch mal den Hund da weg, der zerfleddert dir ja deine ganze Sau, die kann ja nachher kein Mensch mehr essen!"

Von denen, die Arko nicht kannten, kam dann regelmäßig die bange Frage: „Beißt der auch nicht?" „Nein, der beißt nicht!" Dann, nach mehreren vergeblichen. Versuchen, ihn an der Halsung von der Sau zu ziehen: „der lässt aber nicht los!"

„Wie, der lässt nicht los. Du wirst doch wohl den Hund von der Sau kriegen!"

Es erfolgte dann in der Regel ein erneuter Versuch, mit gleichem Ergebnis.

„Der lässt wirklich nicht los; versuch du es mal!“

Und jetzt kam mein großer Auftritt: „Arko!“ Er sah mich an, erkannte, dass ich Daumen und Zeigefinger zusammen rieb, als wollte man dem Ober in der Kneipe ein Zeichen geben, dass man bezahlen möchte, und ließ los.

Die Zeichensprache klappte bis auf fünf Meter Entfernung. Weiter reichte sein eingeschränktes Sehvermögen nicht mehr, da sich Arkos gesundes Auge durch grauen Star einzutrüben begann. Ich sorgte aber dafür, dass die Jäger diese Kommunikation nicht bemerkten, sodass mir Erstaunen und Bewunderung gehörten.

„Der folgt dir aber, wie machst du das bloß?“ Eine Erklärung gab ich nie ab. Wir hatten sehr viel Spaß mit dieser Nummer.

Zu jener Zeit machte Monty Roberts mit seinem Einfühlungsvermögen als Pferdeflüsterer Furore. In Anlehnung an ihn meinte einmal ein Jäger nach meiner Vorführung mit Arko: „Du bist ja ein richtiger Hundeflüsterer“. Dabei war er doch nur auf einen miesen Taschenspielertrick hereingefallen. Ich war doch lediglich ein hinterlistiger Ohrenpuster (Verzeihung: Behängebläser). Das wusste er allerdings nicht.

Arko war ein Hund mit einem unbestechlichen Charakter. Niemals hätte er eine Fährte verlassen, wie meine Hündinnen das durchaus schon einmal machten, um von einem Vorstehschützen ein Brot zu erbetteln, wenn wir bei der Riemenarbeit in deren Nähe kamen. Maud und Bessie waren mitunter anfällig für eine kleine Zwischenmahlzeit zur Stärkung.

Mit der Zeit wurden Arkos Augen immer schlechter, schließlich wurde er ganz blind. Wo er sich auskannte, in Wohnung, Garten und Zwinger, hatte er keinerlei Schwierigkeiten, sich zu orientieren. War er allerdings in fremder Umgebung, stieß er sich häufig an Hindernissen. Auch damit lernte er, umzugehen. War er irgendwo fremd, bewegte er sich sehr vorsichtig, sodass er sich kaum einmal wehtat.

Mit der Riemenarbeit gab es auch mit dem blinden Hund kaum Probleme, es sei denn, es ging zu sehr ins dichte Zeug.

Interessant war für mich ein Futtertest.

Stellte ich Arko eine Schüssel mit Futter in den Garten, dauerte es ziemlich lange, mitunter bis zu drei Minuten, bis er diese gefunden hatte. Offensichtlich gab es zu viel Witterung, denn er suchte mit hoher Nase.

Sofort fand er dagegen im Garten verstreute einzelne Pellets Trockenfutter, sodass man meinen konnte, er würde sie sehen.

Arko wechselte nach einem erfüllten Schweißhundleben mit über 14 Jahren in den Hundehimmel.

Dux

1990 übernahm ich Dux. Er kam aus einer österreichischen Zucht, war gut drei Jahre alt, hatte drei Vorbesitzer – darunter auch einen Berufsjäger und erfahrenen Schweißhundführer –, war bildschön, aber arbeitslos.

Einen so jungen Hannoverschen Schweißhund mit schon drei Vorbesitzern hat man normalerweise nicht sehr gerne, da kommen einem schon Bedenken. Bisher hatte ich mit meinen „Problemhunden" aber nur die besten Erfahrungen gemacht. So war ich mir sicher, auch diesen Hund hinzubekommen.

An dem Morgen, an dem ich ihn im Hunsrück aus dem Zwinger eines Tierparks befreite, in dem er ein Jahr gelebt hatte, war ich früh im Revier unterwegs und hatte einen Frischling beschossen, den ich mit meinem neuen Hund nachsuchen konnte.

Dux fand die Sau nach 80 Metern verendet. Fortan waren wir Freunde.

Zwei Wochen später fuhren wir wieder in den Hunsrück und absolvierten erfolgreich die Vorprüfung. In den nächsten Monaten war ich öfter mit Dux unterwegs als mit meiner Frau. Es gab ein Dutzend Totsuchen ohne Probleme. Das schrieb ich auch dem damaligen Zuchtwart des „Verein Hirschmann", Wilhelm Puchmüller.

Dann kamen wir an unsere erste noch lebende Sau, einen Überläufer mit Weidwundschuss. Auf den Fangschuss hin blieb Dux neben mir stehen und machte keinerlei Anstalten, sich der toten Sau zu nähern. Das ist wohl ein neues Erlebnis für ihn, dachte ich.

Es folgte eine Nachsuche auf ein Stück Rotwild mit Hinterlaufschuss, das er nach guter Riemenarbeit scharf hetzte und stellte. „Na also, geht doch!"

Leider ging es bei Schwarzwild nicht! Der Hund suchte bis fast an die kranke Sau heran. War er nicht sicher, dass sie tot war, machte er so geschickt einen Bogen um sie, dass es eine Zeit lang dauerte, bis ich den Schwindel bemerkte.

Es war eine Zeit nervenaufreibender Nachsucherei. Zum Glück hatte ich ja noch Arko, der die Dinge dann in Ordnung brachte.

Mit Dux suchte ich einen angefahrenen Frischling. Nach etwa 400 Metern steckte er seinen Kopf kurz unter eine kleine, umgefallene Fichte, suchte dann aber sofort auf dem Wechsel weiter. Nach 100 Metern zeigte er kein Interesse mehr an der Fährte. Wir hatten bis dahin keinerlei Schweißbestätigung, und so überprüfte ich die Arbeit mit Arko. Der ging die gleiche Fährte, nur fasste er den kranken Frischling, der sich unter der umgefallenen Fichte eingeschoben hatte. Dieser setzte sich zwar noch heftig zur Wehr, hatte aber gegen Arkos Griff keine Chance.

Dux war eine Auseinandersetzung mit dem 20 kg schweren Frischling wohl zu gefährlich gewesen.

Es war Tradition, dass wir zwischen Weihnachten und Neujahr mit einigen Jägern und ihren Hunden im Bundesforst nach den Sauen sahen. Bald schon machten die Hunde eine Rotte hoch, aus der ich einen Frischling beschoss.

Eine Stunde später suchte ich mit Dux nach. Etwa 100 Meter waren wir der Fährte des beschossenen Frischlings gefolgt, da machte der Hund einen Riesensatz. Er war quasi über den Wutz gestolpert und hatte sich erschrocken. Der Hund blieb in respektvoller Entfernung, machte keinerlei Annäherungsversuche und verbellte auch nicht.

Es war ein weiterer Beweis, dass Dux so für Nachsuchen auf Schwarzwild untauglich war. Die Frage war, ließe sich dieses Verhalten abstellen?

Bei einer anderen Gelegenheit machte er eine lange, sichere Riemenarbeit bis fünf Meter vor die Sau, die im dichten Farn verendet lag. Da hinein zu suchen schien ihm zu gefahrvoll und er führte mich um das tote Stück herum.

Nach 100 Metern gab er dann auf, doch ich kannte dieses Verhalten ja inzwischen.

Der Hund wusste zwar genau, wo die Sau lag, wahrscheinlich aber nicht, ob sie tot war.

Es war frustrierend, diese Nachsuchen kosteten wirklich Nerven.

Es gab nichts zu beschönigen: Dux hatte Schiss vor Sauen.

Das gleiche Verhalten habe ich bei einem Hannoverschen Schweißhund eines befreundeten Schweißhundführers erlebt, ebenfalls einem Hund österreichischer Abstammung.

Kann es vielleicht sein, dass in Österreich vereinzelt mit Hunden gezüchtet wird, bei denen eine für unsere Reviere schwarzwildtaugliche Schärfe nicht nachgewiesen ist? Es erfordert von einem Hund einen anderen Schneid, sich mit einer wehrhaften Sau im Farn, Ginster, Getreide oder sonstiger dichten Deckung auseinanderzusetzen, als ein Stück Rotwild zu hetzen und zu stellen.

Was bei Dux noch auffiel: Er geriet regelrecht in Panik, wenn er einen Hochsitz sah. Er lief weg, wenigstens 100 Meter weit, und ließ sich auch nicht mehr heran rufen.

Ich ging dann zu ihm, leinte ihn an und beruhigte ihn. Dann gingen wir langsam auf den Hochsitz zu. Kamen wir bis auf etwa 30 Meter heran, zerrte er an der Leine, junkerte und wollte nur noch weg. Es gab keinen Zweifel: Dux war traumatisiert!

Was er erlebt hatte, das ihn zu diesem ängstlichen Verhalten veranlasste, weiß ich nicht und mag es mir auch lieber gar nicht vorstellen.

Es kostete einige Wochen der Desensibilisierung, bis er sich – zuerst angeleint, später auch unangeleint – einem Hochsitz angstfrei nähern konnte und sich dort ablegen ließ.

Ein weiteres Verhalten war auffällig: Dux war auf eine seltsame Art schussscheu. Merkte er, dass ich schießen wollte, lief er ein Stück fort, kam nach dem Schuss aber zu mir zurück. Dieses Problem behob ich, indem ich mehrmals in die Nähe eines Schießplatzes ging und Dux merkte, dass ihm nichts passierte. Bald ertrug er die Knallerei. Fortan verhielt er sich ruhig, wenn ich schoss. Gab ich die Waffe aber einem Jäger neben mir in die Hand, um den Hund und sein Verhalten studieren zu können, lief er weg und ließ sich auch nicht mehr heran rufen. Ich bin mir sicher, dass es da eine Verbindung zu dem seltsamen und ängstlichen Verhalten an Hochsitzen gab.

Auf einer Bewegungsjagd wurde eine Sau zwei Mal beschossen. Ob er getroffen hatte, konnte der Schütze nicht sagen. Anschüsse fanden wir nicht, verbrochen war auch nichts.

Nicht verbrochene Anschüsse sind die Freude eines jeden Schweißhundführers. Dadurch geht wertvolle Zeit verloren, besonders dann, wenn im Winter nach Drückjagden nur noch wenige Stunden für die Nachsuchen zur Verfügung stehen, weil es früh dunkel wird.

Normalerweise bekam ich bei den Nachsuchen in diesem Forstamt immer einen ortskundigen Begleiter mit. Besonders gerne hatte ich Hano Ortmann bei mir, einen passionierten Forstwirt, der leider viel zu früh, als junger Vierziger verstorben ist. Er war ein hervorragender Kugelschütze. Wenn er eine Sau beschoss, verfehlte er sie nur selten und außerdem war er eben ortskundig.

Diesmal musste ich aber alleine losziehen. Die Männer, mit denen man etwas anfangen konnte, wurden alle zum Anstellen und Abholen der Schützen gebraucht.

Wir umschlugen den Hochsitz, von dem aus geschossen wurde, und Dux fiel eine Fährte an. Nach einigen hundert Metern Riemenarbeit sah ich vor mir auf 30 Meter in den Brombeeren eine Sau auf den Keulen sitzen. Um sie besser frei zu bekommen und beschießen zu können, wollte ich noch ein paar Schritte zur Seite gehen, da nahm sie an. Ich wollte ausweichen, blieb aber mit einem Fuß an einer Wurzel hängen und fiel auf den Rücken, die Waffe lag unter mir, die Brille war weg und die Sau stand über mir! Nun weiß ich, wie eine Sau unter der Bauchseite aussieht, aber nicht aus dieser Perspektive. Normalerweise liegt die Sau auf dem Rücken (und ist tot), nicht ich.

Mit dem linken Arm versuchte ich, mein Gesicht zu schützen. Mein Arm befand sich im offenen Gebrech der Sau. Jetzt knackt es und dein Arm ist hin, schoss es mir durch den Kopf, doch die Sau biss nicht zu. Es gelang mir, die Beine anzuziehen und sie wegzutreten. Seltsamerweise blieb sie wie angewurzelt stehen. Ich kramte die Waffe unter meinem Rücken hervor und schoss sie im Liegen auf drei Meter tot. Auf weitere Entfernung hätte ich sie ohne meine Sehhilfe garantiert vorbeigeschossen!

Während der ganzen Rauferei hatte mein Dux mit reichlichem Sicherheitsabstand tatenlos zugeschaut! Er kam sehr zögerlich heran und vergewisserte sich, dass ihm keine Gefahr mehr drohte.

Nach diesem Erlebnis hatte ich ein echtes Problem mit ihm. Wenn es brenzlig wird mit einer Sau, müssen sich Führer und Hund bedingungslos aufeinander verlassen können. Da hatte er versagt! Trotzdem mochte ich ihm keine Schuld geben. Man kann sicher Gründe dafür finden, warum Dux so ängstlich war: Vielleicht die Zucht, mit Sicherheit auch Fehlverhalten seiner Vorbesitzer.

Dux war für Schwarzwildnachsuchen nicht zu gebrauchen. Der Grund seiner Ängstlichkeit spielte dabei keine Rolle.

Ich hatte mir alle Mühe gegeben, es aber nicht geschafft, seine mangelnde Wildschärfe an Sauen abzubauen. Es ergab keinen Sinn mehr.

Die Sau hatte neben einem Weidwundschuss noch einen Gebrechschuss im Unterkiefer, sonst wäre es meinem Arm sicher schlecht ergangen. Dat hät verdammp scheef jonn künne.

Sauen mit einem Gebrechschuss haben mir immer besonders Leid getan. Diesmal war es anders, aber das darf man ja gar nicht laut sagen. Ohne diesen Schuss wäre auch ich ein armes Schwein gewesen.

Die meisten Menschen sind tierlieb. Ich auch. In der Regel hört die Tierliebe aber auf, wenn einem selbst Schaden droht. Mir hatte Schaden gedroht. Vielleicht mag das als Entschuldigung gelten.

Sogar bekennende Tierschützer denken ähnlich. Ein Reh, das im Garten an den Rosen knabbert, ist dann kein schützenswertes Bambi mehr, und die Bache, die nachts mit ihrem Nachwuchs den gepflegten Rasen umbuddelt und bei der Erdbeerernte hilft, büßt sehr an Sympathie ein. Da wird schnell der Ruf nach dem Jäger laut, der die Tiere „abknallen“ soll.

So sehr die ganze Familie an Dux hing, ich brauchte einen nachsuchentauglichen Hund. Wieder einmal half mir Ina Peters, die für die Vermittlung von Schweißhunden des „Verein Hirschmann“ zuständig war, innerhalb kürzester Zeit. Leider kann ich mich nicht noch einmal bei ihr für die Vermittlung meiner Hunde bedanken.

Meine Frau und ich suchten ein neues Zuhause für den Hund, wo er nicht nachzusuchen brauchte, jedenfalls keine Sauen. Es gab auch bald einen Interessenten und wir fuhren ziemlich weit, um diesen kennenzulernen. Wir wurden sehr herzlich aufgenommen, fürstlich bewirtet und übernachteten in einem sehr schönen, separaten Gästehaus.

Dux gefiel den Eheleuten. Trotzdem nahmen wir ihn am nächsten Tag wieder mit heim. Darüber gab es keinerlei Meinungsverschiedenheiten zwischen meiner Frau und mir. Die Größe des Zwingers von drei Quadratmetern, in dem er leben sollte, stand in keiner Relation zu dem übrigen Anwesen. Ein Auslauf auf dem weitläufigen Grundstück war auch nicht möglich, da es zur Strasse hin kein Tor gab. Auch wurde befürchtet, dass der Rasen Schaden nehmen könnte, wenn man den Hund im Garten frei herumlaufen ließe.

Auch wenn Dux kein zuverlässiger Schweißhund war, ein Leben weitgehend in einem kleinen Zwinger hatte er nicht verdient.

Dux wurde einige Wochen später bei der Hetze auf ein angefahrenes Reh in Herkenrath überfahren. Er war sofort tot.

Mit keinem Hund habe ich mir solche Mühe gegeben und so viel Zeit investiert, letztendlich leider ohne Erfolg.

Hera

Meine Frau und ich fuhren zum Steinhuder Meer bei Hannover und wollten uns einmal Hera ansehen, eine neun Monate alte HS-Hündin. Meine Frau sagte spontan: „Die nehmen wir!“

1993 kam Hera zu uns, ein Polenmädchen aus streng katholischem Haus, gezüchtet von Pater Benedykt Gierszewski.

Ihr Vorbesitzer hatte die Hündin aus Polen mitgebracht. Leider war er nach einer Herztransplantation verstorben. Seine Witwe konnte den Hund nicht behalten.

Sie sagte uns, dass Hera Autofahren hasste und es schwierig sei, sie überhaupt in den Wagen zu bekommen. Das war allerdings auch kein Wunder, denn die Hündin litt stark an einem Entropium – eingerollten Augenlidern – für einen Hund eine sehr unangenehme Sache. Die Autofahrten endeten daher immer beim Tierarzt, was ihre Freude verständlicherweise dämpfte. Gegen Fahrten ins Revier hätte sie sich wohl kaum gewehrt.

Hera lebte sich problemlos ein. Bald sprang sie freudig ins Auto, nachdem sie begriffen hatte, dass es in den Wald ging.

Mit einem Jahr ließ ich sie an dem Entropium operieren, Angst vor einem Tierarzt hatte sie nun nicht mehr.

Hera wurde in kurzer Zeit sicher in der Riemenarbeit. Sie hetzte ausdauernd und stellte scharf.

Ab dem dritten Lebensjahr fing sie Frischlinge bis zu ihrer Größe, hatte aber eine andere Taktik als Arko. Sie fasste die Sauen über den Wurf, kurz unterhalb der Lichter. Seltsamerweise wehrten sie sich dann kaum. Erst wenn ich herantrat, wurden sie zappelig, aber Heras Griff hielt fast immer.

Ein Schlüsselerlebnis hatte ich mit ihr – noch keine drei Jahre alt – auf eine Sau mit einem Gebrechschuss.

Die Bache war auf einer Drückjagd krankgeschossen und wurde am selben Tag von einem Gespann nachgesucht. Die Suche war aber ergebnislos aufgegeben worden.

Nach langer Riemenarbeit kamen wir gegen Abend an die Sau, doch leider ging mein schnell hingeworfener Schuss auf größere Entfernung fehl. Hera kam nach erfolgloser Hetze zurück.

Mit Alleingängen auf gebrechkranke Sauen hatte ich in den letzten Jahren nicht die besten Erfahrungen gesammelt. So wollte ich für die Fortsetzung der Nachsuche am nächsten Tag Verstärkung holen. Zwei Berufsjäger, Dirk Ullmann und Helmut Hilpisch, sowie zwei weitere erfahrene Jäger boten ihre Hilfe an.

Am nächsten Tag arbeitete ich die Hetzfährte mit Hera aus, ohne nochmals Schweißbestätigung zu haben. Die Suche ging in eine sehr dichte, kaum mannshohe Dickung. Es war zu vermuten, dass die Sau hier steckte. Meine Begleiter und zwei weitere Jäger, darunter der Schütze, umstellten das Dornen-Ginstergestrüpp, und ich suchte hinein, begleitet von Helmut Hilpisch. Plötzlich wollte Hera los. Zu ihrer Unterstützung schnallten wir noch einen Drahthaar bei, der sogleich ein paar Frischlinge aus der Dickung jagte. Nach kurzer Hetze gab Hera Standlaut. Vor den Füßen von Helmut stellte sie die kranke Sau. Ich war ein paar Meter weg und sah nichts. „Ich sehe die Sau!“ sagte der (z)erfahrene Schweißhundführer, denn leider hatte er seine Waffe vergessen. Ich reichte ihm meine über die Brombeeren, und er gab der armen Sau den Fangschuss.

Alle Beteiligten waren heilfroh über diesen Gemeinschaftserfolg.

Es war schon ein gutes Gefühl, wieder einen Hund zu haben, mit dem man auch bei einer Nachsuche auf eine gebrechkranke Sau Aussicht auf Erfolg hatte. Bekanntlich gehören diese Nachsuchen meistens in die ganz schwierige Kategorie.

Mit Hera, der Unterstützung des Schweißhundführers Franz Bongartz und anderer Jäger brachten wir insgesamt neun Sauen mit Gebrechschüssen zur Strecke. Zum Glück kommen diese Schüsse nicht so oft vor.

Hatte ich ausnahmsweise einmal keine Zeit für eine Nachsuche, was sehr selten vorkam, suchte ich mir kurzfristig Ersatz. Hera war da sehr unkompliziert. Besonders gerne suchte sie mit meinem Jagdfreund Horst Prahl nach. Ihn konnte sie besonders gut leiden, warum auch immer.

Eines Tages war Horst mit meiner Hündin auf einen stärkeren Keiler mit einem Laufschuss unterwegs, während ich leider arbeiten musste. Mittags kam ein Anruf von Horst: „Wir stehen hier an einem großen See und Hera will ins Wasser. Was soll ich machen?" Ich riet ihm, entweder hinter ihr her zu schwimmen oder um den See herum vorhin zu suchen, um den Ausstieg des Keilers zu finden.

Er entschied sich für Letzteres und fand die Fährte am gegenüber liegenden Ufer wieder. Er suchte weiter und brachte den Keiler zur Strecke. Gut gemacht, Horst!

Hera hatte eine unangenehme Eigenschaft: sie mochte keine fremden Hündinnen, mit zunehmendem Alter auch keine Rüden. Kam ihr eine Hündin zu nahe, unterwarf sie diese sofort. Blitzschnell hatte sie andere Hunde auf dem Rücken liegen und hielt sie am Hals fest. Im Gegensatz zu Baldo gab es aber niemals Verletzungen und daher auch keine unangenehmen Versicherungsfälle. Es gab auch Hunde, mit denen sie sich vertrug.

Eine Begegnung der besonderen Art hatten meine Frau und ich, als wir mit ihr an einem Baggersee spazieren gingen. Vier Jugendliche kamen mit einem nicht angeleinten Kampfhund, der sich sofort auf Hera stürzte. Wohl stärker, aber nicht so kampferprobt wie sie, lag er schnell auf dem Rücken und machte keinerlei Anstalten von Gegenwehr mehr. Die Jungen waren sichtlich beeindruckt. Welche Kampfhundrasse das denn sei, wollten sie wissen. Sie zeigten großes Interesse an Hera.

Ich hätte sie bestimmt zu einem guten Preis an diese Jungen verkaufen können.

Einige Jahre später kam für Hera ein rabenschwarzer Tag mit Folgen ... doch dazu später.

Plotthunde

Vor über 200 Jahren lebte in Deutschland eine Familie Plott. Sie wanderte nach Amerika aus, und zwar in die Appalation in Tennesee. Die Plotts nahmen einige Hunde mit über den großen Teich. Der Einfachheit halber nannten sie diese „Plotthunde". Diese Hunde sehen unseren Hannoverschen Schweißhunden recht ähnlich, sind aber in der Regel hochläufiger, mehrfarbig und häufig mit weißen Applikationen im Fell.

Die Nachkommen dieser Familie gibt es heute noch, auch die der damaligen Hunde. Zur Blutauffrischung suchte Herr Plott vor Jahren eine Hündin, die seinen Hunden ähnlich war. Er kam nach Deutschland, besuchte den Zuchtwart des „Verein Hirschmann", K. Bergien, und wurde bei den Hannoverschen Schweißhunden fündig.

Ich hatte gerade einen Wurf Welpen. Herr Plott nahm Verbindung mit mir auf und wir vereinbarten, dass er eine Hündin bekäme, sobald diese ein halbes Jahr alt sei. Wegen der weiten Anreise nach Tennesee war es nicht sinnvoll, diese früher abzugeben. Ich gestehe, dass mir nicht ganz wohl bei der Geschichte war, aber Herr Bergien hatte es eingefädelt und abgesegnet.

Als die Zeit gekommen war, schickte ich Anke auf die weite Reise. Zum Glück kam bald die Rückmeldung, dass sie gut angekommen und man begeistert von ihr sei. Wir bekamen noch Post und Fotos, dann erhielten wir länger keine Nachricht mehr über die Hündin.

Ein paar Jahre später besuchte uns aus Amerika der sehr nette, deutschstämmige Professor von Recum, der ebenfalls ausgewandert und ein Jagdfreund der Familie Plott war. Er forschte an künstlichen Hüftgelenken und Herzen und befand sich auf einer Vortragsreise durch Europa. Wir machten einen gemeinsamen Abendansitz, schossen auch zwei Knopfböcke und hatten viel zu erzählen.

Der Professor hatte Anke von der Familie Plott übernommen, da diese sie nicht mehr halten konnte. Was er berichtete, war alles andere als erfreulich. Anke wurde an der Kette gehalten, es war dort wohl so üblich. Jedes Jahr bekam sie einen Wurf Welpen. Durch die Art der Haltung und zum Schutz ihres Nachwuchses war sie sehr scharf geworden und hatte mehrere der Plotthunde tot gebissen. Daraufhin hatte der Professor sie übernommen, doch auch seine Hunde kamen zu Schaden. Schließlich erschoss er Anke.

Welpen

Es waren einmal zwei Hannoversche Schweißhunde namens Maud und Bredas. Sie lebten zusammen im Haus des Jägers, zeitweise in einem Zwinger und hatten Auslauf in den Garten. Regelmäßig kamen sie in den Wald. Es fielen auch genügend Nachsuchen an, die ihre Jagdlust befriedigte.

Sicherlich waren sie glücklich und zufrieden, und noch etwas: sie mochten sich sehr. Wie sehr, merkte der Jäger erst, als Maud in anderen Umständen war und sechs niedliche, süße Welpen zur Welt brachte.

Die Freude hätte groß sein können, doch die Sache hatte einen Haken: Die Welpen waren unehelich, das heißt, der Verbindung ging nicht die Genehmigung des Zuchtwartes des „Verein Hirschmann" voraus. Es war also kein geplanter Wurf, sondern ein Unfall, oder wie man es sonst nennen mag.

Der Jäger hatte allerdings Glück. Der weitsichtige Zuchtwart, Karl Bergien, entschied, den Hunden nach einem Jahr dann Papiere zu geben, falls sie sich gut entwickelten und er erkennen konnte, dass es sich tatsächlich um reinrassige Hannoversche Schweißhunde handelte und nicht etwa ein Pudelrüde der Erzeuger der Kleinen war.

Mit dieser Option kamen die Welpen in gute Führerhände, was den Jäger natürlich sehr glücklich machte. Was wäre wohl sonst aus den Hunden geworden? Wohin hätte er sie geben können? Für einen Schweißhundführer des „Verein Hirschmann" wären sie sicher nicht in Frage gekommen. So aber verschwanden sie nicht irgendwohin, sondern es konnte, nachdem die Bedingungen als erfüllt galten, auch mit ihnen gezüchtet werden.

Viele Jahre bekamen Welpen aus ungenehmigten Verbindungen keine Papiere, es sei denn, jemand klagt sie ein. Dies ist allerdings keine glückliche Lösung und schadet dem Ansehen der Schweißhundsache.

Dass der Zuchtwart sich Gedanken über Verbindungen und die Zahl der gewünschten Würfe machen muss, sollte einleuchten. Das ist auch gut und muss unbedingt so bleiben. Den Hauptgrund hierfür sehe ich in der schmalen Zuchtbasis. Ansonsten kommen in der Natur bei Verbindungen, die keiner Kontrolle unterliegen, mitunter recht erfreuliche Ergebnisse heraus. Manchmal sogar bei Menschen.

Wie ein Zuchtwart mit ungenehmigten Verbindungen – hoffentlich sind es absolute Ausnahmefälle und nicht Absicht – umgeht, wird immer eine schwierige Entscheidung sein. Es ist aber in jedem Fall schade, wenn reinrassige Hannoversche Schweißhunde ohne Papiere auf den freien Markt kommen.

Möglicherweise kommt man nicht umhin, sich Gedanken darüber zu machen, was das kleinere Übel ist. Es gibt eine Nachfrage von Jägern nach Schweißhunden, welche die etablierten Vereine offensichtlich nicht befriedigen wollen. Dafür gibt es einige nachvollziehbare Gründe. Wo Bedarf ist, wird es immer Menschen geben, die diesen decken. Da auch für Schweißhunde ohne Papiere oft mehr Geld verlangt – und gezahlt – wird wie für „legale“ Welpen, kann man unterstellen, dass neben Liebhaberei mitunter auch handfeste finanzielle Interessen im Spiel sind. Einen Welpen über den Verein Hirschmann bekommt ein Bewerber nur dann, wenn er gewisse Voraussetzungen erfüllt. Dazu gehören die Benennung von zwei Bürgen, die ihn für würdig und nachsuchentauglich halten, sowie eine ausreichende Anzahl zu erwartender Nachsuchen. Ob sich der zukünftige Schweißhundführer leistungsmäßig durchsetzt und bei den Jägern „ankommt“, wird allerdings im Vorfeld kaum abzuklären sein. Allenfalls in Förster- oder Berufsjägerfamilien, in denen der Nachwuchs seit Generationen „nach schroffen Leistungskriterien der Eltern“ gezeugt wurde, hat man vielleicht eine gewisse Sicherheit, dass da ein guter Schweißhundführer heranwachsen könnte. Ein Restrisiko bleibt selbst dort.

Sollte die jetzige Praxis der Welpenvergabe beibehalten werden, wird der Anteil der Hunde ohne Papiere sicher zunehmen und mit einigen dieser Hunde auch gezüchtet werden. Diese Entwicklung kann nicht gewollt sein.

In meinem Bekanntenkreis sind einige Jäger mit Schweißhunden ohne Papiere – ausnahmslos anständige Menschen. Sie wussten, dass sie über die Vereine keinen Hund bekommen, schon gar keinen HS. Mit ihnen strebe ich eine enge Zusammenarbeit an und helfe gerne bei der Ausbildung ihrer jungen Schweißhunde, denn auch dort fallen gelegentlich Nachsuchen an. Schweißhundführer tun sicher gut daran, mit ihnen zusammenzuarbeiten und sie auf keinen Fall zu diskriminieren.

Ich habe Verständnis für sie, wenn sie sich ihren Schweißhund über andere Kanäle beschafft haben, wenngleich ich meistens versucht habe, ihnen den Hund einer anderen Rasse schmackhaft zu machen.

Vielleicht sind die Irrtümer von heute die Erkenntnisse von morgen.

Sollten die heutigen Richtlinien der Welpenvergabe „alternativlos“ richtig sein, müsste die Regelung des seinerzeit zuständigen Zuchtwartes Karl Bergien eine Fehlentscheidung gewesen sein, meinen Hunden nach einem Jahr Papiere zu geben.

Es müssten eigentlich genügend Möglichkeiten geben, die schwierige Sache mit den Papieren etwas flexibler zu handhaben, etwa Wartezeiten – wie in meinem Fall – und vorläufige oder endgültige Zuchtsperren.

Auch bei sorgfältigster Planung durch den Zuchtwart ist nicht gewährleistet, dass ein Wurf gesundheitlich und leistungsmäßig das bringt, was man sich erhofft hat. Dafür gibt es Beispiele gerade aus der jüngsten Vergangenheit.

Ich kann mir gut vorstellen, wie viel Zündstoff und Streitpotential in der Entscheidung eines Zuchtwartes liegt, der einen ungenehmigten Verbindung nachträglich Papiere zu geben, einem anderen Schweißhundführer diese aber zu verweigern.

Trotzdem würde ich mir wünschen, dass ein Zuchtwart seine Entscheidung von Fall zu Fall fachlich begründen und zu erwartende Kritik an dieser aushalten kann.

Ich denke, dass die eigentlichen Probleme nicht in den gelegentlichen „Unfällen“ innerhalb der Vereine liegen, sondern in den kommerziell betriebenen Schwarzzuchten sowie den Nachkommen von Hunden ohne Papiere.

Nachsuchen- und Jagderlebnisse, Episoden und Erfahrungen

Dreikampf

Es gibt drei Arten von Dreikampf.

Da ist einmal die sportliche Version. Zuerst muss man jede Menge schwimmen, anschließend eine kleine Radtour von, ich glaube, 180 km strampeln und zum Schluss einen Marathon laufen. Hat man die Tortur geschafft, darf man sich „Ironman" nennen.

Die zweite Variante ist die eher bürgerliche: Schwimmen, mit oder gegen den Strom, Rad fahren, zum Beispiel bei seinem Chef oder zu Hause, hinter beruflichem Erfolg herlaufen, hinter Geld, Macht oder Frauen, ersatzweise auch Männern. Die meisten Jäger kennen das.

Ich habe mich für den Jägertriathlon entschieden, und zwar für die Disziplinen: nachsuchen, jagen und daheim gut Wetter machen. Ich kann nicht ausschließen, dass sich diese Variante mitunter mit der zweiten etwas vermischt.

Jedenfalls bin ich meinem Schicksal dankbar, dass ich nicht als Mädchen auf die Welt gekommen und in späteren Jahren an einen Jäger oder – noch schlimmer -Schweißhundführer geraten bin. Schweißhundführerfrauen haben es wirklich nicht leicht. In aller Regel leben sie zwar in geordneten, aber überschaubaren finanziellen Verhältnissen. Dazu kommt noch ein gehöriges Maß an Frustpotenzial. Es wird sicher manchen Tag im Jahr geben, an dem der häusliche Frieden nur sehr schwer aufrecht zu halten ist.

Stellen sie sich einmal vor, der Schweißhundführer hat den ganzen Tag erfolglos nachgesucht, was der Schütze natürlich schon vorher wusste. Am liebsten hätte der die Suche bereits nach einer halben Stunde abgebrochen. Nun ist es Abend geworden, der Schweißhundführer ist todmüde, hungrig, durstig, nass bis auf die Knochen, dreckig und frustriert. Was glauben sie, kann eine Frau mit so einem Kerl noch anfangen? Vielleicht ins Kino, Theater oder zu Freunden gehen? Das geht alles nicht mehr, jedenfalls dann nicht, wenn sie schon etwas länger zusammen sind. Höchstens noch ein warmes Bad und dann ab ins Bett, zum Schlafen, versteht sich.

Schwierig, wenn nicht unmöglich, ist es auch, sich auf irgendwelche Termine festzulegen. Es könnte ja eine Nachsuche anfallen. Hat man einen Termin ausgemacht und es kommt tatsächlich der Hilferuf eines Jägers, ist in vielen Fällen häuslicher Ärger angesagt. Nicht jede Frau hat Verständnis für die Unaufschiebbarkeit einer Nachsuche und dafür, warum diese im Ausnahmefall nicht von jemand Anderem gemacht werden kann.

Es gibt so wichtige Suchen, die einen Schweißhundführer auch an Weihnachten, dem Hochzeitstag oder der Geburt des ersten Kindes nicht abhalten können, diese selbst in die Hand zu nehmen.

Auf der anderen Seite muss man aber einräumen: Wer als Schweißhundführer nicht so tickt, wird es nicht weit bringen. Erst wenn er fest etabliert ist und genügend Arbeit für seinen Hund anfällt, kann – und sollte – er die Sache etwas lockerer sehen.

Gibt ein Schweißhundführer auch einmal eine Nachsuche an Kollegen ab, entspannt das in der Regel das Familienleben ungemein.

Jeder Jäger und besonders jeder Hundeführer sollte seiner Partnerin für deren Verständnis dankbar sein.

Nachsuche

Nicht selten haben die Götter vor den Jagderfolg den Schweiß gesetzt, mitunter auch den Schweißhund.

Jede Nachsuche ist anders und doch wiederholt sich Vieles.

Man sucht einen Anschuss, und wenn man sorgfältig sucht und Glück hat, findet man ihn sogar. Man entdeckt Pirschzeichen, und mit einiger Erfahrung kann man diese auch bestimmen, nicht immer, aber doch immer öfter. Dann geht es los, und wenn man einen guten Hund am Strick hat, kostet die Suche weniger Nerven.

Ab und zu findet man vielleicht Schweiß, mal getropft, mal abgestreift. Die Fährte macht einen Bogen nach links, einen Haken nach rechts, es geht durch eine Naturverjüngung, einen Hang rauf und wieder runter in eine Fichtendickung. Ist man da durch, hat man eine Hand voll Fichtennadeln in der Unterhose, die zu Hause als Beweis herhalten muss, dass man wirklich auf Nachsuche und nicht etwa im Kino war oder noch etwas Schlimmeres angestellt hat.

Von Vorteil ist sicherlich, wenn ein Schweißhundführer während der ruhigen Zeit und den Feiertagen nicht zu viel Feist angesetzt und sich fit gehalten hat. Sonst kann es passieren, dass ihm manche Dikkungen undurchdringlich erscheinen oder er nur unter Aufbringung seiner letzten Kraftreserven da durchkommt.

Es kann sein, dass der Schweißhundführer durch einen Bach muss und nasse Füße bekommt. Es kann regnen, schneien oder hageln oder auch donnern und blitzen, was gefühlsmäßig äußerst unangenehm ist und mitunter sogar die Unterbrechung einer Nachsuche erforderlich macht. Und im Sommer ist es mitunter brütend heiß und der Schweiß rinnt in Strömen. Vielleicht geht die Suche über einen Parkplatz, der voller Autos steht. Hat er einen lichten Moment, überlegt er, dass dort nachts keine Autos standen und die Sau sehr wohl da gezogen sein kann.

Es mag sein, dass ein paar Rinder – hoffentlich keine Bullen – auf der Weide stehen, wo die Fährte langgeht, oder der Bauer hat Gülle auf der Wiese verteilt, was nach meiner Erfahrung für einen guten Hund aber kein Problem darstellt. Es kann sein, dass er während der Riemenarbeit an Vorstehschützen vorbeikommt, die nicht auf ihren Plätzen stehen, sondern sich zusammengerottet haben und sich die neuesten Witze erzählen. Das freut ihn dann besonders, wenn er dadurch ein krankes Stück Wild nicht bekommt.

Bestimmt gerät man bei längeren Nachsuchen an gesundes Reh-, Rot- oder Schwarzwild, einen Hasen oder sonstiges Getier. Es kann so viel passieren. Viele Jäger kennen das oder können es sich wenigstens vorstellen.

Bei den Schilderungen von Nachsuchen möchte ich deshalb auf Angaben wie: nach 300 Metern etwas Schweiß unten links an einem Grashalm abgestreift oder nach 600 Metern ein Haken nach rechts um eine etwa zehnjährige Eiche, dann über einen Reitweg in einen Kiefern-Birkenbestand oder ähnlichen Krieg entscheidenden Angaben verzichten und hoffe, dass das im Sinne des Lesers ist.

Bei Nachsuchen liegen Erfolge und Misserfolge dicht beieinander. Mir sind Hundeführer suspekt, die nahezu jedes kranke Stück zur Strecke bringen und Fehlsuchen nur vom Hörensagen kennen. Meine Erfahrung ist, dass über einen langen Zeitraum auf einige gute, erfolgreiche Nachsuchen immer auch solche folgen, bei denen man sich bis zum Dunkelwerden die Hacken abläuft und nichts an den Haken bekommt. Es gibt Tage, da klappt alles, und dann wieder solche, da geht partout nichts.

So standen nach einer Bewegungsjagd in einem Forstamt für den nächsten Tag fünf Nachsuchen an, die alle in die Kategorie „schwierig und zeitaufwändig“ einzuordnen waren, außerdem noch ein Dutzend Kontrollsuchen. Ein Programm, das für ein einzelnes Gespann kaum zu schaffen war, wenn nicht alles optimal lief.

Wir fingen mit einer Sau mit tiefem Weidwundschuss an, da dies die vermutlich kürzeste und sicherste Sache war. Nach einer Stunde war das Stück nach kurzer Hetze zur Strecke. Auf dem Weg zum nächsten Anschuss, einem Frischling mit tiefem Laufschuss, erledigten wir drei Kontrollsuchen, die nur kurze Zeit in Anspruch nahmen, da die Stücke gefehlt waren. Bei dem Frischling rechnete ich – wie bei Laufschüssen üblich – mit einer längeren Riemenarbeit. Der saß jedoch schon nach 50 Metern unter einem Reisighaufen und nach 100 Metern hatte Bessie ihn gefangen. Die Nachsuche hatte vielleicht eine viertel Stunde gedauert. Das gab zeitlich Luft und wir konnten es nun ruhiger angehen. Am frühen Nachmittag hatte ich alle fünf Stücke Wild zur Strecke, darunter zwei mit Laufschüssen und eines mit einem Gebrechschuss, zusätzlich noch zwei Sauen mit Weidwundschüssen aus dem Sortiment der Kontrollsuchen.

Die nächsten zwei Tage suchten wir von morgens bis abends nach, bekamen aber außerhalb der Anschüsse keine einzige Borste zu sehen, obschon einige Stücke wirklich angeschweißt waren.

Solche Erfahrungen stutzen einen dann wieder auf Normalmaß zurecht und sorgen dafür, dass man mit den Füßen auf der Erde bleibt und nicht abhebt.

Dieses werden andere Schweißhundführer gewiss ebenfalls erlebt haben und bestätigen können.

Anschussseminare

Seit einigen Jahren bieten Schweißhundführer auf Initiative der Landesjagdverbände Anschussseminare für Jäger und Gebrauchshundeführer an. Das finde ich uneingeschränkt gut. Wichtig ist, dass ich mich nicht als besserwisserischer Alleskönner präsentiere, sondern als jemand, der im Bedarfsfall einem Jäger auf Augenhöhe hilfsbereit zur Verfügung steht. Die Seminare sind eine gute Gelegenheit, einfache Grundregeln für die Nachsuchen zu vermitteln und neue Kontakte zu knüpfen. Den Anspruch, in drei Stunden Schweißhundführer heranzubilden, haben sie sicher nicht. Auch sollten Schweißhundführer keine Angst haben, dass ihnen durch „Schlaumachen" anderer Jäger vielleicht Nachsuchen verlorengehen. Das Gegenteil ist eher der Fall. Schaffe ich es, in einem Seminar Berührungsängste abzubauen, wird sich ein Jäger, der mit eigenem Hund nachgesucht hat, eher vertrauensvoll an mich wenden, als wenn er mich gar nicht kennt.

Einmal sagte der Förster am Ende so eines Anschussseminars: „So, jetzt zeigt ihnen Herr Albert einmal, wie ein erfahrener Schweißhund einen Anschuss sucht und eine Fährte arbeitet!" Es sollte Höhepunkt und Finale der Vorführung sein, an der noch verschiedene andere Hunderassen mit ihren Führern vertreten waren. Als Maud jung war, etwa von vier Monaten bis zu einem halben Jahr, hatte ich ihr regelmäßig solche Fährten gelegt, und als sie erst begriffen hatte, wie der Hase (die Sau) läuft, ging sie nicht mehr von der Fährte.

Der Förster hatte einen Anschuss und von dort aus eine etwa 300 Meter lange Fährte mit Schwarzwildschweiß gelegt und zwar so, dass die anwesenden Jungjäger und die übrige Korona die Arbeit des Schweißhundgespanns Albert und Maud gut beobachten konnten.

Der Förster zeigte mir die Stelle, wo der Anschuss ungefähr sein sollte – so genau weiß ein Jäger das ja nicht immer – und ließ mich suchen. Ich fand keinen Anschuss, ich hatte aber auch damit gerechnet, dass man mir die Sache nicht so leicht machen wollte und mich zehn Meter neben dem gelegten Anschuss suchen lassen.

Ich holte Maut, die ich ein paar Meter weiter abgelegt hatte und ließ sie suchen.

Ohne Zögern verwies sie ein paar Knochensplitter und Schweiß, folgte eine halbe Riemenlänge der Fährte, kam zu mir zurück, setzte sich vor mich hin und sah mich mit ihren treuen Hundeaugen an, die besagten: Was soll ich hier?

Dieses Verhalten zeigte sie bei Kontrollsuchen, wenn ein Jäger vorbeigeschossen hatte.

Ich versuchte, Maud auf der Fährte voranzuloben, wir hatten ja Zuschauer, denen wir was zeigen wollten, vor allen den Jungjägern. Was sollten die für einen Eindruck von einem erfahrenen Schweißhundgespann bekommen.

„Maud, zur Fährte, such voran, und leise – bitte –! Es half nichts, Maud war die Sache zu blöd. Gelangweilt sah sie in der Gegend herum. Wenn ich hier nicht die Kurve bekam, waren wir bis auf die Knochen blamiert.

Ich erklärte den Anwesenden, dass die Hündin keine Gesundfährten arbeitet und auf Grund ihrer Erfahrung erkenne, dass da wohl Schweiß, aber keine Fährte einer kranken Sau ist. Das entsprach ja auch den Tatsachen. Ich sagte ihnen, dass ein Schweißhund ja schließlich auch nicht jeder Tropffährte nachgehen könne, wenn beispielsweise auf der Drückjagd der Wildwagen durchs Revier fährt und überall Schweiß verliert.

Ich kann nur hoffen, dass sie mir meine Erklärungen abgenommen haben.

Ein Führer mit seinem jungen, unerfahrenen Hund hat die Fährte dann sauber gearbeitet. Wie Maud sich verhalten hatte, genauso wollte ich es haben. Die Jungjäger wollten sicher etwas anderes sehen.

Bei einem anderen Anschussseminar hatte ich einige Anschüsse gelegt. Dabei schoss ich auch, damit wir praxisnahe Kugelrisse bekamen. Wir kamen zum letzten Anschuss, den drei Jäger und eine junge Jägerin suchen und nach Möglichkeit richtig bestimmen sollten. Von hier aus hatte ich mit Schwarzwildschweiß eine 200 Meter lange Fährte gelegt und am Ende eine Sauschwarte versteckt. Vielleicht eine viertel Stunde hatten sie gesucht, dann sagten sie unisono: „Wir finden nichts!“

Die Jägerin hatte ihren offensichtlich noch jungen Hund dabei. Ich fragte, ob sie mir den mal leihen könnte. Ich wollte versuchen, mit Hilfe des Hundes den Anschuss zu finden. Ich beschäftigte mich ein paar Minuten mit ihm, dann ging er bereitwillig mit mir. Mit gutem Wind ließ ich ihn vorhin suchen. Im Nu hatte er den Anschuss gefunden und auf gutes Zureden und mit ein wenig Hilfestellung auch die 200 Meter bis zur Sauschwarte gearbeitet.

Die Jägerin rannte spontan auf mich zu, fiel mir um den Hals und gab mir einen dicken Kuss auf die Wange, so sehr hatte sie sich über die gute Arbeit ihres Hundes gefreut. Ich glaube, sie hatte feuchte Augen. Das war doch mal ein schöner Morgen.

Wenn ich mich recht erinnere, war es sogar die erste Schweißarbeit ihres Hundes, aber ganz sicher bin ich mir da nicht mehr.

Tiefschüsse

Lange Zeit habe ich mir Gedanken darüber gemacht, warum es bei schlechten Lichtverhältnissen so oft zu Tiefschüssen kommt.

Um der Ursache auf den Grund zu gehen, baute ich auf einer stillgelegten Kegelbahn eine 18 Meter lange Schießbahn, auf dem sich das Licht herunter dimmen ließ.

Geschossen wurde mit einem sehr guten Luftgewehr mit vierfachem Zielfernrohr auf bewegliche Schwarzwildscheiben. Diese hingen an Kordeln und konnten per Knopfdruck bis an den „Hochsitz" zurückgeholt werden, und zwar über einen Scheibenwischermotor. Ein Ventilator sorgte für Seitenwind, so standen die „Pendelsauen" mit dem Haupt entweder nach links, rechts oder spitz. Das ergab einen recht naturnahen Eindruck.

Für mein geringes technisches Verständnis hielt ich die Anlage für gut gelungen.

Richtig spannend waren jetzt noch die Schießergebnisse der Jäger.

Konnte ich über meinen kleinen Schießstand der Ursache für die Tiefschüssen näher kommen?

In den nächsten Monaten lud ich alle mir bekannten Jäger zum Probeschießen ein. Einige kamen jede Woche. Damit die ganze Sache auch gemütlich wurde, gab es etwas zu essen und zu trinken.

Vor allen Dingen wurde aber geschossen, deshalb waren sie schließlich gekommen. Die Ergebnisse waren höchst interessant.

Zuerst wurde bei noch „gutem Büchsenlicht" geschossen. Alle Jäger schossen ausreichend gut, einige sogar hervorragend, und es hätte nach 100 Schüssen kaum eine schwierige Nachsuche gegeben. Dann drehte ich die Beleuchtung herunter. Je dunkler es wurde, umso tiefer lagen die Schüsse.

Jetzt ließen sich noch zwei Gruppen von Schützen unterscheiden. Die einen schossen und glaubten, gut abgekommen zu sein, obwohl ihre Schüsse zu tief lagen, es waren Laufschüsse, tiefe Streifschüsse oder es wurde ganz unterschossen.

Die anderen sagten, dass sie bei diesen Lichtverhältnissen nicht mehr zurechtkämen und schossen nicht mehr. Das fand ich richtig gut. Schließlich ging es ja darum, die persönlichen Grenzen zu erkennen.

Über die Schießergebnisse herrschte allgemeine Verwunderung. Es war schon interessant, dass bei schlechtem Licht kaum einmal ein Schuss zu hoch, sondern fast alle zu tief lagen. Die Schützen wackelten sicher nicht alle nach unten.

Nachdem ich sie gebeten hatte, auf die Ansicht von zu viel „Wild" in der oberen Hälfte des Zielfernrohres zu verzichten und sich an den Seitenbalken zu orientieren, wurden die Ergebnisse deutlich besser. Auch lernten sie, wenn „es" nicht mehr geht und man besser den Finger gerade lassen sollte.

Ob sie es dann in der Wildbahn auch umsetzen, ist eine andere Frage, man möchte es wünschen und kann nur hoffen.

Bald konnten alle Jäger nach mehr oder weniger fleißigem Übungsschießen als „geheilt" entlassen werden, da das Problem erkannt war.

Vielleicht ist einigen Jägern die ein oder andere Nachsuche erspart geblieben, weil sie sich einmal mit der Ursache der Tiefschüsse auseinandergesetzt haben.

Kaliber

Mitunter werde ich gefragt, welches Kaliber ich auf welches Wild empfehlen könne. Schließlich müsste ich ja wissen, mit welchen Patronen und Laborierungen es die meisten Probleme gäbe.

Die Frage ist sicher interessant und berechtigt, aber nicht mit einer einfachen Kaliberempfehlung zu beantworten.

Grundsätzlich kann man sagen, dass bei guten Schüssen auf normal starkes Wild alle bei uns zugelassene Jagdmunition ausreichend ist. Ein Frischling mit einem Schuss in die Lunge mit einer 22 Magnum-Patrone, wie es gelegentlich irrtümlich beim Gebrauch von Kipplaufwaffen mit Einsteckläufen vorkommt, wird aller Wahrscheinlichkeit nach innerhalb von 100 Metern verenden.

Es gibt kalibergläubige Jäger, die meinen, mit einer „9,3 x noch was“ oder ähnlich dicken Pillen wären alle Probleme zu lösen. Dem ist bei weitem nicht so. Auch mit einem Geschoss eines starken Kalibers wird ein Stück – etwa mit einem Laufschuss – nicht so einfach umfallen und verenden. Mit anderen schlechten Schüssen verhält es sich ähnlich, auch wenn die Verletzung stärker sein mag als mit einem leichteren Geschoss.

Im Wesentlichen kommt es auf den Sitz der Kugel an. Auch sollte man bedenken, dass nicht jeder Jäger so wesensfest ist und mit einem starken Kaliber genauso sauber schießt wie mit einem schwächeren. Sitzen durch die Erwartung eines starken Rückschlages und lauten Knalls die Schüsse schlechter, ist der Vorteil eines stärkeren Geschosses dahin. Man darf sich auch nicht einbilden, leichtsinniger schießen zu können, weil man ein paar Gramm Blei mehr im Lauf hat.

Damit ich nicht falsch verstanden werde, ich freue mich über jeden Jäger, der ein Stück Wild mit einem schweren Geschoss und nicht mit einem Leichtgewicht beschossen hat. Den Unterschied zwischen den Kalibern bemerkt man aber am ehesten bei schlechten Körpertreffern, wie etwa bei Weidwundschüssen auf stärkere Stücke und nicht so sehr bei wirklich schlechten Schüssen.

Wichtiger als das Kaliber ist Geschossaufbau und Geschossgewicht. Die besten Ergebnisse wird man erzielen, wenn man sauber trifft und ein dem Wildkörper angepasstes Geschoss verschießt.

In der Praxis ist man allerdings auf Kompromisse angewiesen. Wer weiß schon, ob eine Bache mit ihren Frischlingen oder der dicke Keiler kommt. Ein Frischling mit einer 8 x 68 Patrone mit Lungenschuss hat unter Umständen eine längere Fluchtdistanz als mit einem 7 x 57 Geschoss, da sich die Energie eines starken Kalibers in einem schwachen Wildkörper nicht entfalten kann. Es verursacht lediglich einen deutlicheren Kugelriss.

Mir ist natürlich wohler, wenn ich weiß, dass ein Keiler eine 9,3 vor den Keulen hat als eine 7 x 57.

Mit dem Schießen ist es wie mit dem Autofahren: Ein besonnener Fahrer kann mit seinem Kleinwagen viele Jahre, vielleicht sogar ein Leben lang, unfallfrei fahren, während ein Verkehrsrowdy mit seinem dicken Geländewagen öfter mal in einen Unfall verwickelt sein kann oder sich festfährt.

Um es noch einmal auf den Punkt zu bringen: Zuerst kommt der saubere Schuss und dann das Kaliber und Geschoss, wobei dem Geschossaufbau schon eine entscheidende Bedeutung beizumessen ist.

Kommt es zu einer Nachsuche, ist meist der Jäger schuld, nicht das Kaliber, auch wenn das nicht jeder wahrhaben und einsehen will.

Eine Luxuswaffe mit Wurzelmaserschaftholz, aufwendiger Gravur und teurer Optik ändern daran auch nichts.

Mein Sohn Bodo würde sagen: „Wenn der Bauer nicht schwimmen kann, ist die Badehose schuld!"

Verhalten

An einigen meiner Hunde habe ich feststellen können, dass sie ihr Verhalten von einer Nachsuche zur anderen änderten.

Beispielsweise zeigte Maud – nachdem sie ihr Geschäft verstand – wenig Interesse, nur leicht krankes Wild nachzusuchen. Für sie ging das offensichtlich sehr in Richtung „Gesundfährte", die sie ja nicht arbeiten sollte.

Schließlich mochte ich nicht jeder gefehlten Sau durch die Büsche hinterher kriechen, weil der Hund auch eine Gesundfährte arbeiten wollte.

Stufte Maud ein beschossenes Stück Wild als gefehlt ein, zog sie noch einen Kreis um den Anschuss im Radius von vielleicht 50 Metern. Sie wusste wohl aus Erfahrung, dass es da manchmal doch noch etwas zu finden gab, da der Anschuss von dem Schützen nicht in jedem Fall genau angegeben werden konnte. Dann setzte sie sich vor mich hin und ich wusste: Wir können nach Hause gehen, hier gibt es nichts zu finden, da konnte ich mich felsenfest auf sie verlassen.

Als sie noch sehr jung war, habe ich solche Suchen von einem anderen, erfahrenen Gespann kontrollieren lassen. Nie hatte sie sich geirrt. Diese Abrichtungsmethode ist vor allen Dingen bei Kontrollsuchen sehr hilfreich, da sie in kurzer Zeit zuverlässig erledigt werden können. Wer hat schon nach einer Drückjagd Zeit – und Lust – einem gefehlten Stück kilometerweit hinterherzulaufen, weil sein Hund auch Freude an Gesundfährten hat? Man denke nur an Fälle, in denen ein Jäger ein starkes Stück Wild beschossen hat – Sau oder Hirsch -, vielleicht noch mit einem schwächeren Geschoss. Den Anschuss finden sie nicht. Eigentlich kann das Stück nicht gefehlt sein. Kein vernünftiger Jäger schießt auf solche Entfernung vorbei, denkt man.

Der Hund arbeitet die Fährte, aber man findet keinerlei Bestätigung, dass das Stück krank ist. Sie denken: „ Sicher hat es einen Steckschuss und schweißt deshalb nicht."

Nach mehreren Kilometern brechen sie die Suche ab, mit einem sehr unguten Gefühl im Bauch.

Ist ein Hund so eingearbeitet, dass er keine Gesundfährten mehr arbeitet und hat genügend Erfahrung gesammelt, wird er seinem Führer sehr bald am Anschuss zeigen, dass ein Stück gefehlt ist, auch wenn der Schütze es nicht glauben mag.

Ein erfahrener Schweißhund kann in kurzer Zeit unterscheiden, ob ein Stück gesund oder krank ist. Diese Fähigkeit hat ein Schweißhundführer nicht, wenn er am Anschuss oder auf der Fährte nichts findet.

Bei leicht kranken Stücken gab Maud eine Suche von sich aus meist nach einigen hundert Metern auf. Es war sicherer, ich ließ den Hund entscheiden, als dass ich von mir aus eine Nachsuche abgebrochen hätte in der Annahme, das Stück sei nicht zu kriegen. So habe ich nur sehr selten mit meinem „inneren Schweinehund" kämpfen müssen, ob ich eine Suche abbrechen sollte oder nicht.

Solange der Hund suchte, ging es weiter, und wir hatten eine Chance.

Dieses Verhalten änderte sich mit einer einzigen Nachsuche.

Im Staatsforst war abends ein Stück Rotwild beschossen worden.

Am nächsten Morgen verriet der Anschuss einen leichten Streifschuss am Brustkern. Ich fand eine handvoll Schnitthaare und sehr wenig Schweiß. Dem Schützen sagte ich, dass wir schlechte Karten hätten, das Stück zu bekommen. „Können sie es nicht wenigstens mal versuchen?", fragte er.

Ich setzte Maud am Anschuss an und ließ sie gewähren. Ein paar Riemenlängen folgte sie der Fährte, dann sah sie mich mit ihrem „es hat wirklich keinen Zweck-Blick" an. Das war nicht anders zu erwarten.

Der zuständige Förster Horst Winter hatte einige Jäger beisammen. Ich sagte: „Wenn ich den Hund auf der Fährte vorangelobt bekäme, könnten wir abstellen und mal sehen, was passiert."

Die Aussicht auf Erfolg schätzte ich aber sehr gering ein.

Ich setzte Maud erneut an und ich musste mehrmals sehr höflich bitten, ehe sie der Fährte folgte. Vielleicht eine halbe Stunde hatten wir gesucht, da knallte es kurz vor uns. Ich schnallte die Hündin, schnell war sie am Stück. Einer der Vorstehschützen stand am rechten Platz und hatte sogar getroffen.

Das Stück hatte nur einen Kratzer am Brustkern, den hätte es sich auch an einem Stacheldraht holen können.

Nach dieser Erfahrung suchte Maud auch leicht kranke Stücke viel weiter und intensiver nach. Es schien, als hätte sie begriffen, dass es nicht nur auf sie ankäme, sondern auf das gesamte Rudel, Menschen und Hund.

Einige Male ist es mir auf Drückjagden passiert, dass bei der Riemenarbeit eine tote Sau auf der Fährte lag, die nicht die nachgesuchte war. Diese Stücke waren an anderer Stelle krankgeschossen worden und zufällig auf den von uns gearbeiteten Fährten verendet.

Die Hunde (Arko und Maud) erkannten das sofort und suchten ohne Zögern hinter den verendeten Stücken weiter.

Ich brauchte etwas länger, um solche Sachlagen zu überblicken.

Ich gebe es nicht gerne zu, aber meine Hündinnen waren eher zuverlässig bei der Riemenarbeit als meine Rüden. Offensichtlich konnten sie aus weniger Erfahrung einen größeren Nutzen ziehen.

Leider konnte ich nicht verhindern, dass meine Frau dies bemerkte. Sie übertrug das fälschlicherweise auf menschliches Verhalten und reibt mir das bisweilen unter die Nase.

War ein Hund einmal fährtensicher und es ging trotzdem nicht weiter oder er kam von einer Fehlhetze zurück, wo ich mir nicht sicher war, ob ich auch am richtigen Stück geschnallt hatte, so griff ich zum letzten Schweiß zurück. Wollte der Hund die Fährte nicht mehr arbeiten, konnte ich sicher sein, dass das Stück nicht zu bekommen war. Nahm er die Fährte allerdings wieder auf, hatten wir noch eine Chance. Dieses Vorgehen habe ich als „letzte Kontrolle“ angewandt, bevor ich eine Nachsuche aufgab. Es hat sich bestens bewährt.

Mitunter hört man die Forderung von Jägern, die es besonders gut meinen, dass jeder Kugelschuss – also auch der auf Drückjagden – von einem Schweißhund kontrolliert werden müsse. Ich möchte gar nicht bestreiten, dass dies wünschenswert wäre, halte es aber für praxisfremd und kaum machbar. Bei manchen Jagden müssten dann sechs Gespanne auf der Matte stehen. Ein Restrisiko wird bei Bewegungsjagden leider immer bleiben.

Bei der Einzeljagd sollte man schon jeden Kugelschuss von einem Schweißhund kontrollieren lassen, auch wenn der Jäger am Anschuss nichts findet. Die Wahrscheinlichkeit eines Treffers ist ungleich größer als auf der Drückjagd, wo einem Geschoss schon mal ein Baum im Weg steht, bevor es sein Ziel erreicht.

Zudem ist nicht Jäger in der Lage, seine Schießkünst auf füchtiges Wild realistisch einzuschätzen.

Unruhe

Abends fing es an zu schneien, und bald lag sogar in den rheinischen Niederungen eine geschlossene Schneedecke. Wie mochte das erst in unserem Revier in der Eifel aussehen? Schnell packte ich meine Jagdklamotten und Bredas in unseren Fiatbus. Ich musste ins Revier! Meine Frau merkte meine Unruhe und ließ mich ziehen.

Die Fahrt war nicht angenehm, starkes Schneetreiben behinderte die Sicht. In der Eifel wurde es richtig heftig: Auf einer langen Geraden bei Udenbreth rutschte ich von der Fahrbahn in einen Graben und krachte frontal gegen einen Baum. So eine Sch....! Zum Glück war mir und dem Hund nichts passiert. Ich stieg aus und besah mir den Schaden. Da ich den Baum gut getroffen hatte, waren wenigstens die Scheinwerfer heil geblieben. Dafür gab es eine dicke Beule und Kühlwasser lief aus. Inzwischen war Mitternacht vorbei und es schneite immer heftiger. Baldige Hilfe war um diese Zeit in dieser einsamen Gegend nicht zu erwarten.

Zu jener Zeit war ich noch recht rüstig. Ich versuchte, den Wagen aus dem Graben zu schieben, indem ich mich gegen den Baum stemmte, der mir zum Verhängnis geworden war, und mit aller Kraft gegen den Bus drückte. Ich hatte keine Chance. Was sollte ich nur machen? Das nächste Dorf war weit entfernt. Ich kannte mich gut in dieser Gegend aus, da ich die Strecke nahezu wöchentlich fuhr. Ob ich die ganze Nacht hier im Bus verbringen musste, während auf Schinscheid die Sauen brachen? Während ich noch überlegte, was ich in dieser miesen Lage machen konnte, bemerkte ich die Scheinwerfer eines herannahenden Autos. Zwei junge Männer hielten und boten sofort Hilfe an. Die musste der Himmel geschickt haben. Ich setzte mich in den Wagen, legte den Rückwärtsgang ein und die Beiden schoben. Nach den Geräuschen zu schließen, die sie dabei von sich gaben, strengten sie sich wirklich an. Nach einigen vergeblichen Versuchen, das Fahrzeug auf die Straße zu schieben, sagte einer: „Das hat keinen Zweck!" So schnell sie gekommen waren, verschwanden sie wieder, gerade, dass ich noch ein „Danke!" hinterher rufen konnte.

Ich stand wieder alleine da.

Nun geschah etwas, was vielleicht nur schwer zu erklären ist. Es gibt aber sicherlich vergleichbare Beispiele, wenn man in Grenzsituationen gerät. Dann werden mitunter Kräfte freigesetzt, die man normalerweise nicht besitzt. Ich stemmte mich wieder zwischen Baum und Bus und wuchtete ihn auf die Straße! Der Kühler bekam einen Kanister Wasser, den ich immer dabei hatte. Ich konnte weiterfahren. Eine knappe Stunde später war ich in der Hütte.

Die Sauen auf Schinscheid hatten in dieser Nacht ihre Ruhe und nichts mehr von mir zu befürchten.

Keine Reserven

Im Bundesforst wurde nachts ein Rothirsch angefahren. Er ging zu Boden, wurde aber sofort wieder hoch und verschwand im Bestand. Nach längerer, sicherer Riemenarbeit mit Hera wurde dieser aus dem Wundbett hoch und ich schnallte die Hündin. Der Hirsch flüchtete auf 80 Meter Entfernung über eine Freifläche und ich brachte einen Weidwund- und einen Lungenschuss an. Mein erster Schuss hatte sein Ziel verfehlt. Hera stellte nun den Hirsch. Bis auf 20 Meter konnte ich mich nähern, doch ich hatte keine Munition mehr. Trotz des Lungenschusses mit Kaliber 9,3 x 62 TUG war der Hirsch nach zehn Minuten noch nicht zusammengebrochen und verendet. Zum Glück kam bald der zuständige Förster und gab den erlösenden Fangschuss.

Seitdem habe ich immer drei Reservepatronen in der Tasche.

Der Hirsch hatte einen Hinterlaufbruch direkt über den Schalen.

Bienenstich

Meine Frau und ich wollten in Urlaub fahren, daher brachten wir Bredas zu seinem ehemaligen Herrchen Otto Rassow in die Lüneburger Heide.

Es dauerte eine Zeit, bis das Erinnerungsvermögen des Hundes einsetzte und er erkannte, dass er hier einmal zu Hause gewesen war. Da erst kam bei ihm große Freude auf.

Nachdem der Urlaub vorbei war, holten wir unseren Hund wieder ab.

Der Förster war auch Imker und er wollte mir seine Bienen zeigen. Offensichtlich bin ich kein Bienentyp, denn sofort stach mich eines seiner freundlichen Tierchen in die Oberlippe. Wir fachsimpelten noch über dieses und jenes, wir bedankten uns und begaben uns auf die Heimreise. Unterwegs schwoll Gesicht, Lippe und Hals so stark an, dass ich in jedem Horrorfilm hätte mitspielen können.

Otto Rassow hatte mir einen Eimer Kirschen mitgegeben. Als ich zu Hause den Kofferraum meines Wagens öffnete, sah ich, dass der Eimer während der Fahrt umgefallen war. Die Kirschen lagen verteilt zwischen meinem Gepäck. Um sie besser aufsammeln zu können, kniete ich mich vor den Kofferraum. Hinter mir hielt ein Wagen, ein Herr mittleren Alters stieg aus und fragte mich höflich nach einer Straße. Als ich aufstand, mich zu ihm umdrehte und er mich ansah, sprang er ohne ein Wort zu sagen in sein Fahrzeug und brauste in der falschen Richtung davon. Offensichtlich war er bei meinem Anblick in Panik geraten.

Den Weg zu der gesuchten Straße hätte ich ihm genau beschreiben können.

Es schien sinnvoll, mich in ärztliche Behandlung zu begeben. So konnte ich nicht frei herumlaufen. Nach einigen Bemühungen des Doktors traute ich mich eine Woche später wieder unter die Menschheit.

Lebensmüder Bock

Der Direktor meiner Hausbank hatte erfolgreich die Jägerprüfung abgelegt.

Bald waren wir uns menschlich nähergekommen. Er war ein überaus lustiger Typ, konnte mit seinen Witzen einen ganzen Saal unterhalten und hatte das Lebendgewicht eines sehr reifen Keilers. Ich bot ihm an, bei uns seinen ersten Rehbock zu schießen. Gemeinsam fuhren wir am Wochenende in die Eifel ins Revier Brandscheid. Wir übernachteten in der Hütte und bestiegen morgens beizeiten einen Hochsitz, auf dem ich schon lange nicht mehr gesessen hatte. Bei näherer Betrachtung bedurfte er einer großen Inspektion. Da musste ich wohl einmal Hand anlegen und einiges erneuern.

Wir saßen an einer landschaftlich sehr reizvollen Stelle, und schon bald erschien auf vielleicht 80 Meter ein Bock zwischen einigen Ginsterbüschen.

„Der passt“, flüsterte ich meinem Begleiter zu. Der Bock stand frei und scheibenbreit, aber ich sah, dass der Schütze Probleme hatte, ihn ins Zielfernrohr zu bekommen. Außerdem machte sich erhebliches Jagdfieber bemerkbar, der ganze Hochsitz erzitterte. Mein Gast wollte sich in eine bessere, ruhigere Schussposition bringen und erhob sich etwas von seinem Sitz. Dabei hatte er die Stangen des Hochsitzbodens wohl zu stark belastet. Mit lautem Krachen trat er zwei Stangen durch und hing mit einem Fuß im Boden fest.

Der Bock quittierte die frühe Störung durch anhaltendes Schrecken, flüchtete aber nicht in den rettenden Ginster, sondern gerade auf uns zu und verhoffte auf 30 Meter. Offensichtlich hatte er nicht bemerkt, woher der Lärm kam.

Im nächsten Moment krachte der Schuss, der Bock lag.

Aus seiner misslichen Lage heraus hatte der Jäger seinen ersten Bock sauber erlegt. Die Freude über diesen lebensmüden Bock war groß, wir haben ihn zünftig totgetrunken.

Eines Tages fragte er mich, ob ich nicht Lust hätte, mit ihm nach Österreich zur Birkhahnbalz zu fahren. Da ich Birkwild nur von Bildern kannte, war ich sofort einverstanden. Ein paar Tage später machten wir uns auf den Weg in die faszinierende Bergwelt. Wir quartierten uns in einem Gasthof ein und trafen uns abends mit unserem Jagdführer. Obschon er bereits achtzig Jahre alt war, stieg er in der Balz noch jeden Morgen über zwei Stunden bis zu „seinen Hahnen“ auf.

Am nächsten Tag machten wir uns in aller Herrgottsfrühe auf den Weg. Für uns Flachlandtiroler war die Hahnenbalz in den schneebedeckten Latschen ein ganz besonderes Erlebnis. Mein Jagdfreund kam auch bald auf einen alten Hahn zu Schuss. Abends im Gasthof wurde ausgiebig gefeiert. Dabei merkte ich, dass der glückliche Hahnenjäger fleißig mit der sehr hübschen Kellnerin schäkerte. Ich überließ ihm gerne das Feld, ich selbst war ja noch so gut wie in den Flitterwochen, sodass nur wenig Neid aufkam.

Die Stunden vergingen, und irgendwann war ich müde, verabschiedete mich und ging zu Bett. Am nächsten Morgen fragte ich meinen Begleiter, wie denn der Abend noch so verlaufen wäre? „Was habt ihr noch gemacht?“ „Getrunken!“ „Und dann?“ „Noch was getrunken!“ „Und dann?“ „Dann habe ich die Doris nach Hause gefahren!“ „Und dann?“ „Dann habe ich sie als Dame behandelt!“

Bei der letzten Bemerkung setzte er sein breitestes Grinsen auf. Ich habe seine Bemerkung so gedeutet, dass er der Kellnerin nach Dienstschluss in den Mantel geholfen, die Wagentür aufgehalten und sich artig an ihrer Haustür verabschiedet hat. Jedenfalls war er den ganzen Tag über bestens gelaunt, wahrscheinlich, weil er einen guten Hahn geschossen hatte.

Genaueres weiß ich nicht.

Nur Schnitthaare

Auf dem Heimweg von einer Nachsuche in der Eifel traf ich zufällig meinen Vetter und dessen Jagdaufseher. Ich hielt an und erkundigte mich, was es denn so Neues gäbe? „Wir hätten dich vor ein paar Tagen fast angerufen", kam die Antwort.

Dann berichteten sie: Vor fünf Tagen – mein Vetter rechnete genau nach – hatte er einen Rothirsch beschossen. Der Hirsch stand mit einigen Stück Kahlwild im Gegenhang. Auf den Schuss hin sei das ganze Rudel hangaufwärts geflüchtet. Ein Zeichnen des beschossenen Hirsches hatte er auf die Entfernung von etwa 150 Metern nicht beobachten können.

Am nächsten Morgen wurde mit dem Drahthaar des Schützen nachgesucht. Dieser verwies auch den Anschuss, aber man hatte „nur ein paar Schnitthaare" gefunden. Der Hund folgte einige hundert Meter in der beobachteten Fluchtrichtung, man fand jedoch weder Schweißbestätigung noch den Hirsch. Zur Kontrolle wurde ein zweiter Versuch mit dem Wachtelhund des Jagdaufsehers unternommen, mit dem gleichen Ergebnis.

Wir sollten aber noch mal zum Anschuss gehen. Vielleicht wäre ja dort noch etwas zu finden, und wenn wir Glück hätten, fänden wir noch die Schnitthaare und bekämen vielleicht Aufschluss über den Sitz der Kugel.

Vom Anschuss aus ließ ich mir die Richtung zeigen, aus der geschossen wurde. Ich sah hinüber und traute meinen Augen nicht. Da lag der Hirsch, keine fünfzig Meter entfernt! Er war hangabwärts geflüchtet, mit dem Geweih am Rand einer Fichtendickung hängen geblieben und lag auf dem Rücken. Die helle Unterseite war eigentlich nicht zu übersehen. Nach dem Schuss war der Hirsch für den Schützen nach ein paar Metern nicht mehr zu sehen gewesen, da er von den Fichten verdeckt wurde.

Ein anstrengender Nachsuchentag

Mitunter sind Nachsuchen und deren Folgen so anstrengend, dass man abends fix und fertig ist und kein Bein mehr vor das andere bekommt.

Jupp Feld, ein befreundeter Förster, den leider auch schon der grüne Rasen deckt, beschoss in der Abenddämmerung am Waldrand einen geringen Bock. Da er glaubte, gut abgekommen zu sein, suchte er mit seinem Amtsnachfolger und dessen Hund noch am Abend nach, jedoch ohne Erfolg.

Um sechs Uhr früh waren wir am Anschuss. Der Bock lag nach fünf Metern. Die Verblüffung war natürlich groß.

Auf dem Rückweg zu den Autos sagte ich, dass ich mir für diese Nachsuche doch wenigstens einen Schnaps verdient hätte. „Keine Angst", kam die spontane Antwort, „du bekommst schon deinen Schnaps!"

Wir gingen zum Forsthaus, versorgten das Böckchen, und dann kam Schnaps auf den Tisch. Zuerst Schnaps, dann Bier, Rotwein, Weißwein, in beliebiger Reihenfolge, aber von allem reichlich. Zwischendurch gab es zu essen. Nach und nach trudelte das halbe Forstamt ein und beteiligte sich an den Feierlichkeiten anlässlich dieser schwierigen Nachsuche. Alle aßen und tranken nach besten Kräften und ihrem Stehvermögen. Gegen Abend war keiner der Anwesenden mehr nüchtern. Freundlicherweise brachte mich eine Dame, die als Einzige keinen Alkohohl getrunken hatte, nach Hause. Unser Schlafzimmer fand ich aber noch.

Zur Vorsicht stellte mir meine Frau einen Eimer vors Bett.

Gottlob sind solche Trinkgelage recht selten, mitunter zum Glück aber unvermeidbar.

Meine Traumwaffe

Zu Weihnachten wollte mir meine Frau statt der üblichen Krawatte eine neue Waffe schenken. Ich durfte mir sogar eine nach meinen Wünschen bauen lassen. Womit ich mir diese Großzügigkeit verdient hatte, weiß ich heute nicht mehr.

In einem Waffengeschäft in Köln gab ich das gute Stück in Auftrag. Kaliber, Wurzelmaserschaftholz, Gravur, Stecher, variables Zielfernrohr, alles wurde mit dem Büchsenmacher besprochen und sorgfältig ausgesucht.

Pünktlich zu Weihnachten lag die Waffe, eine Repetierbüchse, unter dem Weihnachtsbaum, ein Schmuckstück!

Was lag näher, als sie auf der Jagd auszuprobieren?

Ich möchte nicht auf Einzelheiten eingehen, aber in den nächsten Wochen kam es zu zwei schlechten Schüssen, die eine Nachsuche erforderlich machten. Für die schlechten Schüsse hatte ich keine Erklärung. Probeschüsse ergaben Abweichungen von bis zu 35 Zentimetern. Drei Mal brachte ich die Waffe zurück zum Büchsenmacher, um nach der Ursache suchen zu lassen und diese zu beheben. Es änderte sich nichts. Auf dem hauseigenen Schießstand der Firma schoss ich die Waffe zur Probe, nachdem man sie mir wieder einmal als jetzt in Ordnung übergeben wollte. Meine Schüsse hatten einen Streukreis von fast 10 Zentimetern. Ich bat den Büchsenmacher, der die Waffe gebaut hatte, auch einmal zu schießen. Seine Ergebnisse waren nicht besser. Damit war ich natürlich nicht zufrieden. Dem Waffenmann schien das zu genügen. Er meinte, die Schussleistung sei zwar nicht hervorragend, aber damit könnte ich doch leben. Wollte ich aber nicht. Geklärt waren ja auch immer noch nicht die starken Seitenabweichungen.

Ziemlich verärgert nahm ich die Waffe und fuhr zu einem anderen Büchsenmacher. Dieser stellte schnell fest, dass die vordere Montageplatte des Zielfernrohres einen Haarriss hatte. Das Schönste: Man hatte versucht, den Riss zu kleben. Die wirkliche Ursache für die schlechte Schussleistung hatte der Büchsenmacher also erkannt, eine neue Montageplatte anzufertigen war ihm aber wohl zu viel des Aufwandes.

Das Zielfernrohr bekam einen neuen Fuß, die Waffe schoss jetzt einwandfrei.

Die ganze Sache war sehr unerfreulich, mit viel Aufwand verbunden und sicher keine Reklame für das Waffengeschäft.

Einige Jahre habe ich das Gewehr geführt, es gab keinerlei Probleme mehr. Trotzdem fand ich keine rechte Freude mehr daran.

Schließlich habe ich es guten Gewissens verkauft.

Die Seitenabweichung der Schüsse kam so: Weil der Montagefuß durch den Haarriss Spiel hatte, verschob sich das Zielfernrohr in die eine oder andere Richtung, je nach der Lage der Waffe beim Transport.

Blitzeis

Rolf hatte kurz vor Weihnachten im letzten Licht auf einer Wiese einen älteren Eissprossenzehner beschossen. Offensichtlich krank verschwand er nach 150 Metern im Bestand. Am nächsten Morgen war draußen alles spiegelglatt, sodass wir uns nicht einmal mit dem Geländewagen ins Revier zu fahren trauten. Unter diesen widrigen Umständen dauerte es nahezu drei Stunden, bis wir zu Fuß zum Anschuss geschliddert und oftmal auch hingefallen waren.

Obschon der reichlich vorhandene Schweiß am Anschuss für uns gut sichtbar war, hatte Bredas keinerlei Witterung unter der geschlossenen Eisschicht. Zum Glück konnten wir der Schweißfährte mit dem Auge besser folgen als mit unseren Beinen und fanden den Hirsch verendet im Gegenhang.

Gegen Nachmittag war es uns endlich möglich, ihn zu bergen. Das Blitzeis war weggetaut.

Trichinenschau

Bei einem Nachtansitz war ich auf meiner Kanzel kurz eingenickt. Als ich wieder aufwachte und aus dem Fenster schaute, waren zwei Überläufer an der Kirrung. Ich schoss einen, der zweite flüchtete etwa 100 Meter bis zum Waldrand und kam zurück. So ereilte ihn das gleiche Schicksal. Die beiden Sauen verkaufte ich an das Exzelsior Hotel in Köln. Die Trichinenproben hatte ich entnommen und montags in den Schlachthof zur Untersuchung gebracht. So hatte ich es bisher immer gehandhabt, es war nie beanstandet worden.

Dieses Mal war alles anders, denn es gab einen neuen Veterinär. Der wollte nicht nur die Proben, sondern auch die dazu passenden Sauen sehen. Als ich ihm sagte, wohin ich sie verkauft hatte, reagierte er sehr aufgeregt: „Das wollen wir doch mal sehen!"

Eine halbe Stunde später war er im Hotel und ließ sich die Speisekarte zeigen. Dann wollte er die beiden Sauen sehen. Diese waren inzwischen sauber verarbeitet. Eine ruhte zerlegt in drei Eimern Buttermilch, die andere in drei Eimern mit einer feinen Rotweintunke.

„Sie haben großes Glück, dass sie heute kein Wildschwein auf der Karte haben", maulte der Veterinär den armen Koch an, der sich keiner Schuld bewusst war. „Sonst hätte ich Ihnen den Laden hier dichtgemacht!" Er ließ mir die Wahl, entweder jedes einzelne Stück Wildbret auf Trichinen untersuchen zu lassen oder alles zu vernichten. Das war keine Wahl, das grenzte schon an Erpressung. Die Untersuchungen wären viel zu teuer geworden.

Das leckere Wildbret landete letztendlich im Schlachthof bei den Konfiskaten. Eine Schande! Auf meinen Vorschlag, nur die größeren Stücke zu untersuchen und somit verwerten zu können, ließ er sich nicht ein. „Alles oder nichts!"

Der Profilneurotiker wollte mir wohl nur seine Macht demonstrieren.

Gefallen

Es war Winter und bitterkalt.

Ich saß wieder einmal am so genannten „Wildacker“ auf Sauen an, doch diese hatten offensichtlich andere Pläne, als mich zu besuchen.

Als ich ausreichend durchgefroren war, packte ich meine Decken in den Rucksack. Es zog mich heim ins Warme. Auf der Leiter wollte ich mich mit der rechten Hand an dem zu kurzen Geländer festhalten, fasste ins Leere und stürzte rückwärts fünf Meter in die Tiefe.

Am Fuß der Leiter hatte ich eine Fichte eine handbreit über der Erde abgesägt. Zum Glück trug ich meinen Rucksack auf dem Rücken, so landete ich mit diesem zuerst auf dem Fichtenstubben. Nicht auszudenken, was passiert wäre, wenn mich die Decken nicht geschützt hätten. So hatte ich mir nicht einmal wehgetan.

Soweit ich mich erinnere, war mir danach nicht mehr kalt.

Am nächsten Tag habe ich den Fichtenstubben ebenerdig beseitigt und den Handlauf entlang der Leiter verlängert.

Suchenglück

Einmal suchten der zuständige Forstbeamte, der Schütze, Maud und ich einen Brunfthirsch nach. Dieser war bis mittags von einem anderen Hundeführer nachgesucht worden, dann ging nichts mehr. Vermutet wurde ein Weidwundschuss. Irgendeine Bestätigung gab es nicht mehr, dafür aber zahlreiche Verleitfährten durch gesundes Wild und Brunftbetrieb.

Ich setzte Maud 100 Meter vor der letzten Schweißbestätigung der Erstsuche an. Langsam ging es voran, aber auch wir fanden nichts mehr. Nach Mauds Arbeitsweise mussten wir aber richtig sein. Es wurde dämmrig und wir entschlossen uns, die Suche abzubrechen. Es ergab mehr Sinn, sie am nächsten Tag fortzusetzen.

Wir gingen zurück zu den Autos, Maud lief frei neben mir. Ich wollte sie anleinen, doch sie hatte sich selbstständig gemacht. Sie war wohl nicht damit einverstanden, dass ich die Nachsuche abgebrochen hatte. Schließlich wusste sie, dass sie richtig war. Bald hörten wir aus der Dickung Hetzlaut, dann Standlaut. Für den Fangschuss musste ich wegen der Dunkelheit bis auf zehn Meter heran.

Der ursprüngliche Schuss saß wirklich tief weidwund.

Glück gehabt!

Ein anderes Mal wollten wir uns an einem Rehbock mit einem Laufschuss versuchen. Schweißhundführerfreund Gerd Behrend hatte ihn bei brütender Hitze mit seinem sehr guten Bayerischen Gebirgsschweißhund bis mittags nachgesucht. Dann kam er nicht mehr weiter. Uns erging es nicht besser, Maud mühte sich redlich, aber die Fährte stand nicht mehr. Wir gaben auf und ich riet dem Schützen, sich die nächsten Tage vermehrt im bekannten Einstandsgebiet des Bockes anzusetzen.

Auf dem Rückweg zu den Wagen verschwandt plötzlich meine Brandl-Bracke „Gamsi“, die ich ebenfalls mitgenommen hatte, hangabwärts in eine Farnpartie. Kurz gab sie Hetzlaut, ein Reh klagte, und sie hatte den laufkranken Bock.

Glück gehabt!

Eva, Rüdiger Hüber und ich waren mit deren jungem Bayerischen Gebirgsschweißhund Kessy auf dem Rückweg von einer Drückjagdnachsuche, als uns auf 80 Meter Entfernung eine sichtlich kranke Sau über den Weg lief. Ich beschoss diese, leider vorbei. Der Hund hatte die Sau auch wahrgenommen und wurde geschnallt. Es folgte eine fährtenlaute Hetze, dann kurz vor einem der noch angestellten Schützen Standlaut. Der gab den Fangschuss, bevor ich bei Hund und Sau war.

Vor uns lag ein recht guter Keiler mit einem alten Hinterlauf- und einem alten Vorderlaufschuss. Außerdem war er auf beiden Lichtern blind. Kurz vorher war uns eine Rotte von über zehn Sauen auf dem gleichen Wechsel gekommen.

Der Keiler war wohl trotz seiner körperlichen Gebrechen auf Freiersfüßen. Wäre ich in seiner Verfassung gewesen, ich hätte meine Ruhe haben wollen.

Wir waren zur richtigen Zeit am rechten Ort.

Glück gehabt!

Begegnungen

Seit einigen Tagen stand in unserem Revier die stärkere Fährte eines Rothirsches. Er schien regelmäßig auf dem gleichen Wechsel aus dem Bestand auf die Felder und Wiesen zu ziehen. Gern wollte ich mir den Hirsch einmal ansehen.

Leider hatten wir in der Nähe seines Wechsels weder Hochsitz noch Kanzel. Etwa achtzig Meter von der Stelle, an welcher der Hirsch in den letzten Tagen ausgetreten war, stand im Feld eine einzelne Weide mit allerhand Unterwuchs. Hier war ein guter Platz für einen Abendansitz.

Schnell hatte ich mir die Sträucher etwas zurechtgestutzt, sodass ich eine bessere Sicht zum Waldrand hatte. Bei Anbruch der Dämmerung saß ich in meinem Versteck auf der Erde, den Rücken bequem an die Weide gelehnt. Es war Vollmond. Eine Stunde mochte ich so gesessen und gewartet haben, da sah ich ihn. Wie aus dem Nichts stand er da, sicherte nach allen Seiten und wechselte dann – wie in Zeitlupe – genau auf mich zu. Er kam bis zu den Sträuchern, in denen ich mein Versteck hatte, und äste in aller Seelenruhe an deren Blättern. Der musste doch Wind von mir bekommen, mich eräugen oder hören, wie mein Herz bis zum Hals schlug. Jeden Augenblick musste er abspringen, doch der knibbelte ruhig weiter an seinen Blättern. Sein Haupt war keine zwei Meter von mir entfernt, wenn er es senkte, wäre ein Griff ins Geweih möglich gewesen.

Die Begegnung dauerte vielleicht zwei Minuten, dann zog er ohne Eile hinaus auf die Felder.

Lange blieb ich noch in meinem Versteck und genoss diese wunderbare Stimmung.

In dieser Nacht hätte ich nichts schießen wollen.

Verdammte Sch …

Der Weizen gegenüber dem Forsthaus stand gut. Das erfreute den Bauer – und die Sauen, denn hier fanden sie Fraß und Deckung.

Der Bauer war fleißig, denn als ich spät vom Abendansitz dort vorbei kam, war aus dem Weizenfeld ein Stoppelacker geworden. Stoppelacker sind immer gut, dachte ich.

Am nächsten Morgen war ich bei Zeiten auf den Beinen. Am Waldrand war in einer Eiche ein Hochsitz. Da wollte ich hin.

Noch auf der Leiter hörte ich sehr nah eine stärkere Sau anwechseln. Sie hatte sich wohl verspätet und wollte in den Weizen. Auf zwanzig Meter verhoffte sie, trat dann, noch durch hohes Gras und Sträucher gedeckt, unruhig hin und her und grunzte, wie es Sauen tun, wenn sie verunsichert sind. Offensichtlich hatte sie Wind von mir bekommen. Die Sache wurde ihr unheimlich und sie wollte in den schützenden Weizen flüchten. Da war jetzt aber nur der freie Stoppelacker. Mitten auf dem Acker bemerkte sie die veränderten Bedingungen und ihren Irrtum, drehte sich um die eigene Achse und rannte wie in Panik laut grunzend zehn Meter an meinem Hochsitz vorbei in den Wald.

Sicher noch 200 Meter hörte ich sie durch das Unterholz brechen und schimpfen (wahrscheinlich über den fleißigen Bauern und mich).

Was mag die Sau wohl gedacht haben, kam mir in den Sinn.

In menschliches Denken übersetzt kann ich mir nur eins vorstellen: verdammte Sch …, verdammte Sch … .

Fiep – fiep

Zum Abendansitz saß ich am Radarturm an einem Wildacker an. Hier stand Hafer, magischer Anziehungspunkt für Sauen.

Bald erschien eine Ricke mit ihrem noch recht kleinen Kitz, das sich nach einiger Zeit kurz vor meinem Hochsitz im Hafer nieder tat.

Es wurde dämmrig und eine Rotte Sauen – zwei Bachen mit acht Frischlingen – erschienen. Die Ricke war inzwischen im Bestand verschwunden. Das Kitz begann zu fiepen und hörte nicht mehr auf. Ich konnte es im Hafer, der schon größere Schadstellen aufwies, liegen sehen.

Die Sauen kamen näher und ich ahnte Schlimmes.

Ich überlegte, was ich im Fall der Fälle machen würde. Auf keinen Fall würde ich zusehen, wie die Sauen vor meinen Augen über das Kitz herfielen.

Die Sauen kamen mitunter bis auf drei Meter an das ständig fiepende Kitz heran. Ich dachte, würde das Kitz doch nur den Mund (den Äser) halten. Offensichtlich konnten die Sauen aber keine Verbindung mit dem Fiepen und etwas Fressbarem herstellen.

Dass sie es aus Nächstenliebe verschonten, kann ich nicht glauben.

Ich wartete noch drei Stunden, bis die Sauen wieder weg waren und war über den Ausgang sehr erfreut.

Am nächsten Morgen war das Kitz weg.

Ein paar Tage später sah ich es mit der Ricke wieder.

Selten habe ich mich über den Anblick eines Kitzes so gefreut!

Drei auf einen Streich

Ein Jagdfreund aus der Eifel bat um eine Nachsuche auf einen Rothirsch mit einem Laufschuss. Mit Maud an der Leine ging es zügig voran, ab und zu hatte ich Schweißbestätigung. Nach etwa einem Kilometer Riemenarbeit changierte Maud – mir schien, nach sorgfältigem Prüfen und Abwägen – von der Hirschfährte auf einen Schwarzwildwechsel. Ich verbrach die Stelle und folgte der Hündin. Irgendetwas musste da los sein. Nach 100 Metern lag ein toter Frischling in einem Bach. Die Untersuchung ergab, dass er eine alte, vereiterte Schussverletzung am Träger durch einen Geschoßsplitter hatte. Der Frischling musste aber erst vor kurzem verendet sein. Ich holte den Jagdaufseher und der erzählte: Vor zwei Wochen hatte er in der Nähe aus einer Rotte einen Frischling geschossen, der am Anschuss lag. Ein zweiter habe aber auch noch etwas abbekommen, denn der sei klagend abgegangen. Mit seinem Teckel hätte er am nächsten Tag erfolglos nachgesucht. Ob dieser Frischling zwei Wochen bei der Rotte geblieben und dann im Bach verendet oder alleine unterwegs war, kann man nur vermuten. Normalerweise dulden Bachen keine kranken Stücke in ihrer Rotte. Jedenfalls hatte er zufällig unsere Hirschfährte gekreuzt.

Altkrankes Wild hat eine sehr starke Anziehungskraft auf unsere Hunde. Niemals wäre Maud von der Hirschfährte auf die frische Fährte eines anderen Stückes changiert.

Wir arbeiteten den Hirsch weiter, bis er vor uns aus dem Wundbett hoch wurde. Nach kurzer Hetze stellte er sich dem Hund. Er stand in der Sonne, aber so verdeckt, dass man seine Verletzung nicht sehen konnte. „Bitte, schieß nicht!“, bat meine Frau, die mich begleitete. Sie glaubte, der Hirsch sei gesund. Als sie nach dem Fangschuss aber den zerschossenen Vorderlauf sah, hatte sie Verständnis für mein Handeln.

So nebenbei erwähnte der Revierpächter, dass am Vorabend ein Gast einen Frischling vorbeigeschossen hätte.

„Wirklich vorbei, bist du sicher?“, fragte ich. Er war sich sicher. „Lass uns zur Vorsicht noch mal nachsehen, es klappt heute alles so gut“, bat ich.

Mir wurde erklärt, dass es wirklich nichts brächte.

Der Gast hatte auf der freien Stoppel den Frischling beschossen, die Schussentfernung betrug etwa 40 Meter. Insgesamt bestand die Rotte aus einer Bache mit fünf Frischlingen. Nach dem Schuss hatte er alle Sauen noch etwa 80 Meter beobachten können, keine schien angeschweißt. Die Stelle, wo sie im Wald verschwunden waren, hatte er sich gut gemerkt und mit seiner sehr guten Taschenlampe abgesucht. Da er keinen Schweiß fand, war er sich sicher, vorbeigeschossen zu haben.

Ich bat, trotzdem nachsehen zu dürfen.

An diesem sonnigen und erfolgreichen Tag wollte ich im Wald sein und nachsuchen. Zu Hause hätte mich doch nur lästige Arbeit erwartet.

Wir fuhren zu dem Hochsitz, von dem der Jäger geschossen hatte, und er wies mich auf den Anschuss ein. Da lag der Frischling mausetot mit Kopfschuss. Die allgemeine Verwunderung war groß.

Der Bauer, der gerade die Stoppel umpflügte, hätte ihn bei seiner nächsten Runde entweder gefunden oder untergebuddelt.

Man versprach, beim nächsten „Fehlschuss“ sorgfältiger zu suchen und vor allen Dingen noch einmal morgens im Hellen nachzusehen.

Ein Waffenliebhaber

Ein jüngerer Jäger hatte im Sauerland abends bei noch gutem Licht auf einer Wildwiese einen Rothirsch beschossen. Die Schussentfernung betrug etwa 70 Meter.

Wir verabredeten uns für den nächsten Morgen zur Nachsuche.

Auf dem Weg zum Anschuss fragte er: „Was haben sie denn da für eine Waffe?“ Der Mann hatte offensichtlich Mitleid wegen meines alten, unansehnlichen Karabiners. Ich erklärte ihm, dass diese Waffe für Nachsuchen durchaus zweckmäßig und alltagstauglich sei. Hierauf antwortete er mit sichtlichem Stolz: „Ich führe Ferlacher!“

Bei der Nachsuche sah man an der Bodenverwundung, dass der Hirsch vorne auf den Röhrenknochen lief.

Nach 300 Metern sahen wir ihn in einem kleinen See. Nur Träger und Haupt ragten noch aus dem Wasser. Er wollte seine Wunden kühlen und hatte wahrscheinlich die ganze Nacht in dem See gestanden. Ob es ihm große Erleichterung verschafft hat?

Der Fangschuss erlöste ihn.

Der Jäger hatte ihm mit seiner teuren Waffe beide Vorderläufe zwei handbreit über den Schalen zerschossen.

Einem schießschwachen Jäger nützt auch keine teure Waffe mit einem starken Geschoss. Auch wusste er sehr gut zu verbergen, wie leid ihm das arme Tier und sein schlechter Schuss tat. Seine Hände griffen immer nur nach den Rosen und den Stangen des Geweihs.

An Stelle einer wertvollen Liebhaberwaffe hätte er besser etwas mehr Geld auf dem Schießstand investieren sollen.

Platt

Welchen Schuss ich bei der Sau vermutete, daran kann ich mich nicht mehr erinnern.

Der Schütze, ein netter, sportlich wirkender junger Mann um die dreißig folgte Bessie und mir in einigen Metern Abstand.

Er hatte bei der Schilderung, was sich zugetragen und er bisher unternommen hatte, wahrheitsgemäß erzählt, dass er morgens kurz mit seinem Hund nachgesucht hatte, der aber sei vollkommen lustlos gewesen und zeigte keinerlei Interesse an der Fährte, obschon er bei kurzen Totsuchen sehr zuverlässig sei. Auch erzählte er, dass er die Nacht über kein Auge zugemacht hätte und er die Bilder in seinem Kopf nicht los wurde, was passiert war und warum die Sau nicht lag. Guter Junge, dachte ich, so muss das auch sein.

Bis Mittag waren wir einige Kilometer der Sau mit wenig Schweißbestätigung gefolgt und ich hatte nicht den Eindruck, dass sie sich bald stecken wollte. Dazu hätte sie schon reichlich Gelegenheit gehabt, denn wir waren durch mehrere Dickungen und ein Sumpfgebiet gekommen. Eine schwerkranke Sau hätte sich da sicher irgendwo eingeschoben.

Inzwischen war es heiß geworden, der Schweiß rann und immer noch kein Wundkessel. Ich gewann mehr und mehr den Eindruck, dass mein Begleiter Probleme bekam, zu folgen. Eigentlich sollte das in seinem Alter kein Thema sein. Es wurde Nachmittag, eine längere Pause hatten wir uns noch nicht gegönnt. Dann sagte er: „Ich kann nicht mehr, ich bin platt!"

Eine Unterbrechung der Suche war sicher eine gute Idee, sowohl dem Hund als auch mir tat sie gut. Wir setzten uns in den Schatten und erzählten. Er war wirklich ein netter Typ.

„Ich glaube, du sitzt zu lange im Büro und rauchst zu viel. Dann kommt bald der Sensenmann und holt dich. Du weißt doch, rauchen macht schlank!" Er grinste mich an. „Ich habe mein Leben lang nicht geraucht. Ich bin Sportler und spiele bei uns im Fußballverein, aber Nachsuchen ist irgendwie ganz anders." Er hatte sich selbst gewundert, dass er hinter Atem kam, wenn es den Berg hoch ging. Dabei heißt Berg bei uns ein Höhenunterschied von ein paar hundert Metern, dann steht man auf dem „Gipfel" und schaut ins Tal. Bei unseren Bergen ist eigentlich noch ausreichend Sauerstoff zum Durchatmen vorhanden.

Nach ausgiebiger Rast ging es dann doch weiter, allerdings etwas langsamer. Ich denke, der Jäger hatte nur einen schlechten Tag erwischt, weil er nicht geschlafen hatte. Ich glaubte ihm, dass er eigentlich fit sei.

Gegen Abend gaben wir die Nachsuche ergebnislos auf.

Aller Wahrscheinlichkeit nach war die Sau nur leicht verletzt und nicht zu kriegen.

Gülle

Bei einer Nachsuche auf einen Überläufer mit Laufschuss kam ich nach längerer Riemenarbeit an eine Wiese, auf der kurz vorher Gülle ausgebracht wurde. Diese war bis zum gegenüberliegenden Bestand sicher um die 200 Meter breit.

Jetzt kann ich das ganze Ding umschlagen und sehen, dass ich die Fährte wiederfinde, dachte ich. Zu meiner Überraschung hielt Hera aber scheinbar mühelos ihre Fährte. Ein paar Minuten später waren wir am Waldrand und fanden an einem Stacheldraht Schweiß.

Wie ist es möglich, dass ein Hund durch diesen Güllegestank die Übernachtfährte einer Sau halten kann? Ich war beeindruckt! Man könnte meinen, dass unsere Hunde „ wichtig" und „unwichtig" unterscheiden können, auch wenn „unwichtig" noch so stinkt.

Die Sau brachten wir nach einer Hetze zur Strecke.

Gekonnt ist gekonnt

Fragt man bei einer Nachsuche den Schützen, wie er beim Schuss abgekommen sei, bekommt man nicht selten die Antwort: „Mitte Blatt“, auch wenn der Schuss „tief Blatt hinten“ oder sonst wo sitzt. Bei „Mitte Blatt“ müssten die Stücke eigentlich liegen.

Befragt, wo er denn abgekommen wäre, antwortete mir ein Jäger im Brustton der Überzeugung: „Mitten drauf!“

Als ich ihn fragte, wusste ich jedoch noch nicht, dass er freihändig bei Mond auf abgeschrittene 150 Meter auf einen Überläufer geschossen hatte, der die restlichen Kolben eines abgeernteten Maisschlages sammelte. Sonst hätte ich mir eine solche Frage sicherlich erspart.

„Sie wollen mir doch nicht im Ernst erzählen, dass sie sich unter den gegebenen Bedingungen sicher sind, wo der Schuss sitzt“, sagte ich. Er legte mir seine Hand auf die Schulter und sagte: „Herr Albert, ich hänge fast jeden Tag auf dem Schießstand und schieße Meisterschaften mit. Sie können mir glauben, ich weiß genau, wo ich hinhalte!“

Er hatte Recht, die Sau lag nach 300 Metern, der Schuss war wirklich mitten drauf!

Alle Achtung, das möchte ich auch gern können.

Für den Durchschnittsjäger ist dies aber keineswegs nachahmenswert.

Das ist nur etwas für wirkliche Könner!

Feindliche Nachbarn

Zu einer Nachsuche auf einen Rothirsch mit Krellschuss hatte ich eine Anfahrt von 200 Kilometern.

Schon nach 150 Metern vom Anschuss kamen der Schütze und ich an die Reviergrenze. „Hier geht es ins Feindliche“, klärte mich der Waidmann auf. „Wir müssen die Nachsuche abbrechen!“ Das konnte nicht wahr sein! Dafür fahr ich doch keine 400 Kilometer und sitze 5 Stunden im Auto. Ich versuchte, ihm klarzumachen, dass man eine solche Nachsuche nicht einfach aufgeben könne und er möge – bitte schön – versuchen, seine Reviernachbarn zu erreichen! Sein Kommentar: „Mit diesen Idioten spreche ich nicht mehr, wir brechen ab!“

Was sollte ich machen? Wir begaben uns auf den Rückweg zu den Autos, da begegnete uns der Förster des Nachbarreviers. Auf seine Frage, was wir machten, stellte ich mich vor und erklärte die Sachlage. Meinem Begleiter, dem Schützen, war die Situation offensichtlich sehr peinlich. „Ich bin ja schon froh, dass überhaupt mal nachgesucht wird“, sagte der Förster. „In den letzten paar Wochen haben wir bei uns ein halbes Dutzend Stück Wild verludert gefunden. Langsam reicht es mir!“

Für seine Verärgerung hatte ich vollstes Verständnis! Nachbarn gibt’s, die sollte es besser nicht geben.

Jedenfalls fuhr ich wieder heim und kann nicht behaupten, dass ich bester Laune war.

Den Hirsch suchte der Förster dann wohl mit seinem eigenen Hund nach.

Ob die Nachsuche erfolgreich war, ich weiß es nicht.

Was für ein Spießer

Abends wurde ein Rothirsch krankgeschossen – ein Spießer, wie der Schütze versicherte.

Am nächsten Morgen fand ich am Anschuss Schnitthaare vom Träger und Schweiß. Nach knapp einem Kilometer erklärte der Schütze, dass wir an der Reviergrenze seien und die Nachsuche abbrechen müssten. Er hatte mir verraten, was er beruflich mache. Das möchte ich hier aber nicht wiedergeben, sonst glaubst du mir die Geschichte nicht. Ich sagte ihm, dass der Hirsch an seiner starken Verletzung eingehen würde, die Nachsuche daher unbedingt fortgesetzt werden müsse. Der Jäger klärte mich auf, wer sein Jagdnachbar war. Nun wurde mir einiges klar.

Im Nachbarrevier tat der Forstbeamte und erfahrene Schweißhundführer Horst Obertreis seinen Dienst. Warum hatte der Jäger nicht ihn angerufen, er saß doch vor seiner Haustüre? Wir kannten uns, er war einmal einer der Richter auf einer Hauptprüfung und eine Hauptprüfung hatten wir mit unseren Hunden zusammen abgelegt. Ich riet dem Jäger, zu dessen Forsthaus zu fahren und ihm die Sachlage zu erklären.

Alleine traute er sich nicht, daher begleitete ich ihn. Horst Obertreis war zu Hause, wir begrüßten uns freundschaftlich und ich erklärte ihm, was passiert war. Es war zu vermuten, dass der Hirsch noch lebte. Er telefonierte einige Kollegen zum Abstellen herbei. „Mach´ du weiter, dein Hund kennt die Fährte ja schon!" sagte er. Das tat ich natürlich gerne.

Wir fuhren zurück zur Grenze, wo wir die Nachsuche unterbrochen hatten. Inzwischen war die Dickung, die der Hirsch wahrscheinlich angenommen hatte, abgestellt.

Zügig ging es auf der Wundfährte weiter, und bald wurde er vor uns hoch. Bessie wurde geschnallt und sofort gab sie Hetzlaut. Ich rechnete damit, dass jeden Moment der Fangschuss fiel, aber nichts geschah. Dann gab die Hündin Standlaut.

Der Hirsch war die ganze Schützenkette entlang geflüchtet, aber niemand hatte sich zu schießen getraut. Die Nachsuche galt ja nach Aussage des Schützen einem Spießer. In einem Bach hatte sich der Hirsch dem Hund gestellt. Was für ein Bild, und was für ein Spießer! Über Nacht musste er gewaltig geschoben haben.

Der Fangschuss beendete die Qualen dieses ehemaligen „Spießers", der sich als zukunftsträchtiger Kronenhirsch entpuppte.

Liegengelassen

Meine Frau und ich waren bei Familie Franz Bongartz in der Eifel eingeladen, es gab etwas zu feiern.

Es war ein wunderschöner, sonniger Tag und wir hatten uns eine halbe Stunde verfrüht. Nahe am Ziel fuhren wir deshalb von der Straße ab in einen Waldweg, holten eine Decke aus dem Wagen und machten es uns gemütlich. Wir dösten friedlich vor uns hin, als die Polizei kam, zwei Mann hoch. „Was machen sie denn hier, sie dürfen hier nicht mit dem Auto stehen!" Einer der Polizisten fragte: „Sind sie nicht der Schweißhundführer aus Bergisch Gladbach?" Ich bejahte die Frage. „Dann bleiben sie mal schön liegen, noch viel Spaß und liebe Grüße an Franz Bongartz!"

Der Polizist war Jäger, ich hatte vor einiger Zeit einmal eine Nachsuche für ihn gemacht und wir befanden uns in „seinem" Revier.

Meine Frau war sichtlich beeindruckt, was in letzter Zeit leider nur noch sehr selten vorkommt.

Der Pensionshirsch

Es war zu jener Zeit, als ein Förster noch einen Pensionshirsch frei hatte. Ich half Jupp Feld bei der Suche nach einem Hirsch, der diesem Anlass gerecht wurde.

Morgens und abends saßen wir in der Brunft an. Ein passender Hirsch war endlich ausgemacht, mehrmals hatte ich ihn mit seinem Rudel gesehen. Nach unseren Beobachtungen und Abfährten schien er im Abstand von drei Tagen mit seinen Damen eine feste Runde durch sein Revier zu ziehen.

Nachdem wir die Lebensgewohnheiten des Hirsches ausspioniert hatten, kam der Förster morgens zu Schuss, als der Hirsch mit seinem Harem eine Panzerpiste überqueren wollte. Es ging alles etwas schnell, deshalb wurde eine Nachsuche erforderlich.

Der Anschuss verriet einen Trägerschuss. Nach angemessener Wartezeit suchte ich mit Bessie nach. Wir kamen an den Hirsch im Wundbett, er wurde sofort flüchtig. Ich schnallte, und bald gab sie Standlaut. Vorsichtig und möglichst leise pirschten der Schütze und ich uns bis auf zwanzig Meter heran.

Ein beeindruckendes Bild, wie der Hirsch versuchte, den Schweißhund mit dem Geweih abzuwehren. Ich reichte dem Förster meine Waffe und deutete an, er möge den Fangschuss geben. Er sah mich ungläubig an, nahm das Angebot aber dankbar an. Er hatte früher selber in der Lüneburger Heide zusammen mit dem bekannten Schweißhundführer Ernst Bohrat nachgesucht, daher machte ich mir keine Sorgen um meinen Hund. Der Fangschuss fiel, und wir traten an seinen gestreckten Pensionshirsch.

Jupp Feld bat mich, ihn für eine viertel Stunde alleine zu lassen. Während er Totenwache hielt, ging ich zum Auto und holte eine Flasche Cognac, die ich schon seit einer Woche für den Fall der Fälle mitführte. Einmal musste es ja klappen, und dieser Morgen schien ein angemessener Anlass für einen guten Schluck zu sein.

Zurück bei einem glücklichen Jäger hielt ich ihm meine Pulle hin. „Sieh mal, was ich hier Leckeres habe!“ Er nahm mich in den Arm und drückte mich.

Ich will es kurz machen, wir tranken die Flasche leer. Ich muss aber gestehen, dass ich nicht bis zum Schluss mithalten konnte. Jupp Feld war einfach besser im Training. Mühe gegeben habe ich mir aber schon.

Ein paar Stunden saßen wir beim Hirsch und erzählten, bis mir die Zunge schwer wurde. Die Sonne schien, das Gemüt war heiter, es war einfach herrlich!

Ich erinnere mich noch, dass ich versuchte, unter den Hirsch zu kriechen und ihn hochzuheben. Auf meinen Schultern wollte ich ihn zum Wagen tragen. Dann hatte ich einen Filmriss.

Wie wir mit dem Hirsch zum Forsthaus gekommen sind, daran kann ich mich nicht mehr erinnern.

Waidgerecht

In der Gräflich Nesselrodeschen Verwaltung Herrnstein bei Ruppichteroth hatte ich mit Arko nach einer Drückjagd drei Tage lang einen Überläufer nachgesucht, der einen Schuss hoch durch den Wurf bekommen hatte. Jeden Tag sind wir an die Sau herangekommen. Herr Krejsern, der zuständige Forstamtsleiter, hatte immer richtig abgestellt. Mehrmals wurde das Stück beschossen, leider immer vorbei. Einem der vorgestellten Schützen kam die Sau auf 20 Meter Entfernung, hatte auf einem Weg verhofft, doch leider hatte der Jäger diese nicht als die kranke erkannt.

Am dritten Tag gaben wir abends auf, nachdem sie nochmals gefehlt wurde, waren aber guter Hoffnung, dass das Stück mit der Verletzung eine reelle Überlebenschance hätte.

Drei Tage hatte die Verwaltung alle Förster und sämtliches Personal, das einen Jagdschein besaß, für diese Nachsuche freigestellt, den Betrieb ruhen lassen und jeden erdenklichen Aufwand betrieben, die Sau zur Strecke zu bringen.

Alle Achtung für dieses vorbildliche Verhalten, das man leider nicht überall vorfindet.

Im Gegensatz hierzu hört man oft schon nach einer halben Stunde: „Das können wir drangeben, die Sau kriegen wir doch nicht!" Ärgerlich ist, wenn man sich den ganzen Tag abquält und der Jäger recht behält. „ Hab ich euch doch gleich gesagt, dass wir die nicht bekommen!"

Umso erfreulicher ist es, wenn man Erfolg hat. Vielleicht trifft man sogar auf einen Jäger, der dann zugibt, sich mit seiner vorschnellen Einschätzung geirrt zu haben.

Ein müder Keiler

Mit Maud war ich anlässlich einer Drückjagd zu Nachsuchen in einem Gatterrevier. Während der Jagd stellte ich mich auf einen Weg, der mir guten Überblick bot und auf dem ich vielleicht krankes Wild abpassen konnte.

Ganz in meiner Nähe fielen mehrere Schüsse. Einen Augenblick später wechselte sehr langsam ein starker Keiler aus einer Dickung und tat sich 20 Meter vor mir mitten auf dem Weg nieder. Ein Terrier hatte sich an ihm festgebissen, ihm spritzte das Blut heftig aus seiner Halsarterie.

Ich schoss den Keiler tot und schnappte mir den Terrier. Ein Tierarzt konnte ihn gerade noch retten. Ein paar Minuten später wäre auch der Hund tot gewesen.

Später wurde festgestellt, dass der Keiler nur meinen Schuss hatte, was zu erheblichem Ärger führte. Hätte ihn ein zahlender Jagdgast geschossen, so wäre eine hübsche Summe in die Jagdkasse gekommen.

Ich argumentierte, dass ich unter den gegebenen Umständen wohl davon ausgehen konnte, dass der Keiler schwer krank sei. Außerdem war da ja noch der lebensgefährlich verletzte Terrier, den ich nur von der toten Sau wegholen konnte.

Letztendlich schloss man sich meiner Meinung an. Es blieb bei mir aber das ungute Gefühl, dass man über den Ausgang der Sache nicht eben glücklich war. Außerdem wurde von der Jagdleitung beschlossen, laufkranke Keiler nicht mehr nachzusuchen, weil es mitunter schwierig war, sie einem bestimmten Schützen zuzuordnen und von diesem bezahlen zu lassen. Es wurde argumentiert, bei der nächsten Jagd in einer Woche käme so ein Stück sicherlich zur Strecke.

Nach diesen Beschlüssen stand ich in diesem Revier für weitere Nachsuchen nicht mehr zur Verfügung.

Man kann durchaus Verständnis dafür haben, dass jemand auch mit der Jagd Geld verdienen möchte. Mit solchen Entscheidungen konnte und wollte ich mich allerdings nicht anfreunden.

Der von mir geschossene Keiler wurde wahrscheinlich aus einem „Gartenrevier" beigekauft. Er war sicher lange von dem Terrier bedrängt worden, hatte keine Kondition mehr und sich deshalb auf dem Weg niedergetan.

Nicht handelseinig

Bei schwülwarmer Witterung war abends ein Hirsch beschossen worden. Er hatte einen Weidwundschuss und war noch weit gezogen. Bis wir ihn fanden, war es Mittag und richtig heiß. Die Schmeißfliegen hatten ganze Arbeit geleistet. Es gab handtellergroße gelbe Stellen auf seiner Decke.

Der Hirsch war über die Grenze gewechselt und lag im Nachbarrevier. Er war das erste Stück Rotwild des Schützen, aber es gehörte ihm nicht, deshalb wollte er es unbedingt kaufen. Der Bauer, in dessen Jagd der Hirsch gefunden wurde, hatte diesen inzwischen geborgen. Jetzt hing er am Frontlader im Innenhof seines Bauerngehöftes in der prallen Sonne.

Man mag es nicht glauben, aber der Handel scheiterte, weil man sich nicht über den Preis für das Wildbret einigen konnte. Der Landwirt behielt den Hirsch für den Eigenbedarf.

Er muss ein Feinschmecker gewesen sein.

Gewusst wo

Nach einer Bewegungsjagd im Bundesforst führte die Fährte einer Sau mit einem Krellschuss durch ein Sumpfgebiet, in dem es eine Erhöhung von vielleicht 20 Quadratmetern und etwas Deckung gab.

Am Rand der Erhöhung sagte ich zu dem mich begleitenden Förster Emil Brocher: „Das ist so eine Stelle, wo sich kranke Sauen gerne stecken!“ Im nächsten Augenblick sah ich die Sau und hatte sie auch schon zwischen den Beinen. Ich versuchte, sie von oben zu umfassen und festzuhalten. Es gelang nicht, da meine Regenkleidung klitschnass war. Der Überläufer strampelte sich frei, der Förster beschoss sie – leider vorbei – und weg war sie.

Hätten wir Zuschauer gehabt, sie hätten gewiss ihre helle Freude an uns gehabt.

Die anschließende Hetze blieb erfolglos. Die Sau war wohl nicht zu bekommen und wir brachen die Suche ab.

Gekrellt

Einmal lief mir morgens eine Rotte Sauen über den Weg. Ich fand so schnell keine Gelegenheit, die Waffe aufzulegen oder anzustreichen. Daher beschoss ich einen der Frischlinge auf etwa 40 Meter freihändig.

Leider erhielt er einen Krellschuss.

Fünf Stunden wartete ich, dann folgte ich mit Maud der Fährte. Am Nachmittag kamen wir an die Sau, doch die Hetze blieb erfolglos. Kurz vor Dunkelheit kam die Hündin zurück, sie war fix und fertig.

Am nächsten Tag arbeiteten wir die Hetzfährte aus. Wir kamen nochmals heran, und diesmal stellte sich der Frischling schon nach kurzer Hatz. Er war über Nacht richtig krank geworden. Da es Sommer war, wäre er sicher elend verludert.

Wegen des Schusses habe ich mir große Vorwürfe gemacht. Zum Glück war es bisher der einzige Krellschuss in meinem Leben.

Hoffentlich bleibt es dabei.

Von jestern

Seit Tagen lag eine geschlossene Schneedecke, eine Seltenheit in unserer Gegend. Ein befreundeter Förster rief abends an: „Ich hann even op enne Frischling jeschossen. Am Anschuss litt Lung un Lever! Häste Zick?“ Klar hatte ich Zeit. Schließlich leben wir hier nach dem „Kölschen Grundgesetz“: Mo kennt sich, mo hilf sich!

Eine Stunde später trafen wir uns am Anschuss. „Lung un Lever“ war richtig erkannt worden. Nach 100 Meter fanden wir einen Frischling. Er war steinhart gefroren.

Mit dieser Entdeckung konfrontiert, kam von dem verdutzten Schützen die trockene Erklärung: „ Dann is dat dä von jestern!"

Er hatte am Vorabend an gleicher Stelle – wahrscheinlich aus der gleichen Rotte – einen Frischling beschossen.

Trotz geschlossener Schneedecke hatte er am nächsten Morgen nach sorgfältiger Anschusskontrolle nichts gefunden und geglaubt, vorbeigeschossen zu haben.

Wir fingen noch mal am Anschuss an. Den zweiten, am Abend beschossenen Frischling fanden wir 20 Meter hinter dem „von jestern"

Vorgestanden

Beim Morgenansitz war im Staatsforst ein Überläufer offensichtlich unterschossen worden. Es war ein wunderschöner Morgen und ich wollte lieber nachsuchen, als anderer Arbeit nachgehen. Deshalb bat ich Bessie, die keinerlei Interesse an der Fährte zeigte, sie möge dieser doch bitte folgen. Nach gutem Zureden bequemte sie sich und tat mir den Gefallen. Nach einigen hundert Metern Riemenarbeit sah ich die Sau auf 40 Meter. Sollte sie doch etwas abbekommen haben? Ihr Verhalten war ungewöhnlich. Sie stand vor, wie ein Hühnerhund. Obwohl sie uns sicher bemerkt hatte, wollte sie nicht von der Stelle weichen. Erst als ich die Waffe von der Schulter nahm und repetierte, verschwand sie. Einen Schuss wurde ich nicht mehr los.

Ich schnallte Bessie, sie hatte die Sau längst wahrgenommen. Sie lief aber nur bis zu der Stelle, wo diese gestanden hatte. Dann gab es, für mich zunächst unsichtbar, kurzen Standlaut und eine heftige Rauferei.

Die Hündin hatte ein Rotalttier gefasst. Es saß mit gebrochenem Becken im Wundbett und kam nicht mehr hoch.

Der Fangschuss erlöste diese durch glückliche Umstände zufällig gefundene arme Kreatur. Offensichtlich war das Stück angefahren. Ein Wildunfall war beim Forstamt nicht gemeldet worden. Das muss allerdings auch nicht unbedingt sein. Hat ein Autofahrer, der einen Wildunfall verursachte, Alkohohl getrunken, wird er sich kaum melden.

Ich vermute, dass die Sau gezielt zu dem kranken Alttier gezogen ist. Wahrscheinlich kannte sie es seit Tagen und wollte sich im richtigen Moment über dessen Wildbret hermachen.

Ein Tierfreund

Mit meinen Jagdfreunden Horst Prahl und Paul Gerhard Knoch suchten wir mit Hera eine angefahrene Sau nach.

Wir waren ein paar Meter von der Unfallstelle der Fährte gefolgt, da hielt ein junger Mann an und fragte, was wir da machten.

„Wir suchen ein angefahrenes Wildschwein nach", antwortete ich.

Sein aufgebrachter Kommentar: „Wenn du ein Tier tötest, schlage ich dich kaputt!"

Trotz der bestehenden „Lebensgefahr" suchte ich weiter.

Zum Glück fuhr er kurz darauf davon.

Es ist doch sehr beruhigend, dass es noch solche echten Tierfreunde gibt!

Die Nachsuche gaben wir bald auf, da Hera kein Interesse an der Fährte zeigte. Da das Fahrzeug, mit dem die stärkere Sau kollidiert war, nur eine geringe Beschädigung aufwies, sprach vieles dafür, dass sie nur leicht verletzt war.

Falsch gelegen

Im Winter wurde bei geschlossener Schneedecke auf einer Bewegungsjagd im Bundesforst eine Sau krankgeschossen.

Mit Hera am Riemen folgte ich der Fährte. Förster Jupp Feld begleitete mich.

Ab und zu hatten wir wenig Schweißbestätigung. Auf 30 Meter sah ich eine Sau vor mir, die sich in Brombeeren eingeschoben hatte. Die Fährte ging auf ihren Kessel zu und ich nahm an, dass es die kranke Sau sei. Da ich nicht erkennen konnte, ob sie bereits verendet war, beschoss ich sie. Sie lag, aber hinter ihr wurde eine zweite Sau flüchtig, die ich nicht sehen konnte, da beide Stücke hintereinander gelegen hatten. Wie sich herausstellte, hatte sie den Geschosskern der von mir geschossenen Sau mitbekommen und lag 200 Meter weiter verendet mit Leberschuss.

Leider war keiner der beiden Überläufer krank. Sie hatten sich nur zufällig auf der Fährte des von uns nachgesuchten Stückes eingeschoben. Der Förster und ich brachen die Nachsuche ab. Die Verletzung der Sau schien uns zu gering.

Wegen meines Missgeschicks, zwei gesunde Sauen geschossen zu haben, war mir der Förster eine Zeit lang böse.

Ich war mir keiner Schuld bewusst, und außerdem waren die Sauen, die an diesem Tag erlegt wurden, auch alle gesund. Nun lagen halt zwei mehr auf der Strecke. Wo also lag das Problem. Es kommt mitunter vor, dass man bei einer Nachsuche ein gesundes Stück erlegt. So sah ich das jedenfalls.

Nach ein paar Wochen Funkstille haben wir uns aber ausgesprochen und wieder vertragen.

Fehlsuchen

Ab und zu geht einem Schweißhundführer sogar eine weidwund geschossene Sau durch die Lappen. An eine erinnere ich mich ganz besonders. Ich war hüftkrank und konnte nur mit Medikamenten zwei Stunden einigermaßen beschwerdefrei laufen. Dann musste ich zwei „Dolormin“ nachladen.

Schließlich wertete mich einige Zeit später ein Stück Eisen in meiner linken Hüfte körperlich wieder auf.

Nach einigen Wochen konnte ich wieder halbwegs rund laufen und nachsuchen, was meiner gefühlten Lebensqualität sehr zugute kam.

Vor meiner Hüftoperation gab es eine kleine Verhandlung mit meinem Anästhesisten.

Nachdem ich mein Erscheinen zur OP erfolgreich auf morgens „pünktlich kurz vorher“ heruntergehandelt hatte, erklärte mir dieser, dass meine Lunge noch geröntgt werden müsste. Ich sagte ihm, dass ich kein Freund unnützen Röntgens sei. „Meine Lunge ist in Ordnung! Nie geraucht, immer Sport getrieben und hinter dem Hund her durch den Wald gelaufen, Berg rauf und Berg runter.“

Er verwies mich auf die Vorschrift (ab 55 Jahren muss geröntgt werden) und machte mich auf die Risiken einer Narkose aufmerksam, falls die Lunge eben doch nicht ganz in Ordnung sei. Darauf bot ich ihm einen Deal an: „Herr Doktor, sie sind doch sicher noch keine vierzig Jahre alt und sehen noch recht rüstig aus. Wenn sie die Treppen die fünf Etagen in ihrem Krankenhaus schneller heraufkommen als ich, können sie mich röntgen. Wenn nicht, verzichten sie und es wird nicht geröntgt.“

Der Doktor grinste mich an, überlegte einen Moment und meinte: „Dann will ich in Ihrem Fall mal ausnahmsweise aufs Röntgen verzichten.“

Ob es Humor war, Zeitmangel oder er kein Zutrauen in seine sportlichen Fähigkeiten besaß, sich so zu entscheiden, weiß ich nicht. Vielleicht war es von allem etwas, multikausal.

Ich hatte natürlich Glück, dass er den Spaß nicht mitgemacht hat. Mit einer kaputten Hüfte kann man keine Treppen hochsprinten. Ich hätte nur verlieren können. Wie beim Pokern hatte ich geblöfft – und gewonnen.

Ich glaube, als „Facharzt" hatte er neben meiner gesunden Lunge meine marode Hüfte vergessen.

Zurück zur Nachsuche.

Wegen meiner schmerzhaften Beeinträchtigung suchte Schweißhundführer Franz Bongartz mit Hera nach. Ich biss auf die Zähne und humpelte, so gut es eben ging, hinterher. Über Handy blieben wir in Verbindung. Dann ein Anruf. „Ich stehe hier mitten zwischen den Sauen, Hera will los. Was soll ich machen?" „Schnallen, was sonst!" Hätte er seinen eigenen Hund am Riemen gehabt, hätte er sicher nicht gefragt und sofort gewusst, was zu tun sei.

Die Hetze kam zuerst auf mich zu, dann passierten mich Sau und Hund auf 50 Meter, ohne dass ich sie gesehen hatte. Ich war einfach zu langsam.

Bei Absuchen des Dickungsrandes, den Sau und Hund passiert hatten, fand ich ein 20 Zentimeter langes Darmstück des kleinen Gescheides. Da konnte eigentlich nichts mehr schief gehen, die Sau hatten wir so gut wie sicher. Nach einer halben Stunde kam Hera jedoch zurück. Das durfte doch nicht wahr sein!

Inzwischen hatte ich F.B. herantelefoniert und wir arbeiteten die Hetzfährte aus. Die Sau war unter einem Gatterzaun durch und hatte den Hund hier abgehängt. Das war also der Grund dafür, dass Hera abgelassen hatte. Inzwischen war es dämmrig geworden und wir brachen ab. Den ganzen nächsten Tag suchten wir weiter nach. Bis zum Abend hatten wir hin und wieder Schweißbestätigung, aber immer noch keine Sau. Auch am dritten Tag versuchten wir es weiter. Das Stück musste doch längst verendet und zu finden sein.

Nur noch selten fanden wir Schweiß.

In einer Dickung kamen wir an eine Rotte Sauen. Mehr aus Verzweiflung schnallte ich Hera. Sie hetzte aber nur kurz an und kam sofort zurück.

Ich konnte mir nicht vorstellen, dass ein krankes Stück mit diesem Schuss nach drei Tagen noch bei der Rotte war und lebte. Wenigstens hatten wir die Sauen aus der Dickung und damit aus dem näheren Nachsuchenbereich.

Wir legten eine längere Denkpause ein und versuchten es dann weiter. Zurückgreifen, umschlagen, vorhinsuchen, was man so alles anstellt, wenn es auf der Fährte nicht mehr zielstrebig weitergeht und man mit seiner Weisheit am Ende ist.

Nachmittags ging nichts mehr und wir brachen ab.

Mit dem Ergebnis konnten wir nicht zufrieden sein, hatten aber das Gefühl, alles versucht zu haben.

Ob und wo die Sau vielleicht gefunden wurde, habe ich leider nie erfahren. Es hätte mich sehr interessiert.

Man mag aus diesem Beispiel sehen, dass Nachsuchen auf Schwarzwild mit einem Weidwundschuss besonders dann durchaus schwierig werden können, wenn der Schuss sehr tief vor den Keulen sitzt oder nur der Weidsack verletzt ist. Auch Nachsuchen auf Sauen mit Milzschüssen haben es manchmal in sich und führen in Ausnahmefällen sogar zu Fehlsuchen.

Deutet ein Anschuss auf einen Weidwundschuss hin, suchen viele Jäger mit eigenen Hunden nach, die bisweilen mit diesen Arbeiten überfordert sind.

Erheblich zu weit gegangen

Im Bundesforst war frühmorgens im Hochsommer auf einem Wildacker aus einer größeren Rotte Schwarzwild ein schwacher Überläufer beschossen worden. Die Sauen standen am Rand einer an den Wildacker angrenzenden großen Farn- und Ginsterfläche, wohin sie nach dem Schuss auch alle verschwunden waren. Es war sehr warmes Wetter gemeldet, und so waren der Forstamtsleiter und ich mit Hera schon zwei Stunden später am Anschuss. Bei diesen Witterungsbedingungen war es in diesem Fall nicht sinnvoll, später zu suchen.

Am Anschuss fand ich einige Schnittborsten und ein winziges Stückchen, das ich für Leber hielt. Hera zog in den Ginster, hier roch alles nach Sauen. Wir waren mitten in deren Schlafzimmer, Kessel an Kessel. Nach achtzig Metern waren wir durch das dichte Gestrüpp, hatten aber noch keine Schweißbestätigung. Die Hündin wollte aber auch nicht mehr weiter. Wir gingen zurück zum Anschuss und begannen noch mal von vorne. Diesmal arbeitete sie eine andere Fährte. Wieder fanden wir auf hundert Metern keine Bestätigung für die Richtigkeit der Arbeit. Auch dieser zweiten Fährte wollte sie dann nicht weiter folgen. Noch ein drittes Mal versuchte ich es vom Anschuss aus, mit dem gleichen Ergebnis. Wir fanden nichts, keinen Schweiß, keine Sau.

Die Probleme lagen auf der Hand. Die Fährten waren zu frisch, es gab zu viel Körperwitterung. Hera konnte die Fährte der kranken Sau nicht von denen der gesunden unterscheiden.

Inzwischen hatten wir über eine Stunde nachgesucht. Wenn wir die Sau nicht in Kürze fanden, war sie bei dieser Hitze sicher bald gar. Ich entschloss mich, die Dickung in großem Bogen zu umschlagen. Irgendwo mussten wir doch auf die Fährte der kranken Sau kommen. In der Farn- und Ginsterfläche von etwa zwei Hektar Größe konnte sie eigentlich nicht mehr liegen, dafür waren wir zu intensiv darin herumgekrochen. Eine für die Hündin interessante Wundfährte fanden wir aber nicht.

Bis auf ein paar Meter hatten wir uns beim Umschlagen dem Anschuss genähert, da zog Hera wieder in den Ginster. Da lag die Sau, fünf Meter vom Anschuss entfernt!

Mancher Hundeführer mag die Nase rümpfen. Sicherlich hätte sein Hund die Sau sofort gefunden.

Die Nachsuche gehört sicher in die Kategorie: „Dumm gelaufen und trotzdem Glück gehabt."

Konsequent

In einem größeren Jagdgatter in der Eifel hatte sich eine stattliche Anzahl von Jägern zur Drückjagd eingefunden. Der Jagdleiter hatte Sauen bis zu einem Gewicht von 50 kg freigegeben. Es fielen zahlreiche Schüsse und am Ende der Jagd lagen etliche Sauen auf der Strecke, darunter eine Bache von 70 kg Gewicht.

Etwas abseits besprach ich mit einem der Jäger eine anstehende Nachsuche. Mit einem Ohr schnappte ich den Dialog zwischen dem noch jungen Erleger der Bache und seinem Vater auf. Nachdem dieser sich die Ausreden seines Filius wegen des Fehlabschusses angehört hatte, sagte der Vater nur: „Du weißt, was das bedeutet: ein Jahr Jagdverbot und ein Jahr als Treiber!"

Es war eine bemerkenswerte Konsequenz, zumal der Schütze und sein Vater sich der verständnisvollen Beurteilung des Revierinhabers sicher sein konnten, wenn ich die Sache richtig einschätze.

Trophäe besteht

Auf einer Drückjagd im Staatsforst hatte ein Jäger zwei Keiler geschossen, die nicht freigegeben waren. Er bemühte sich erst gar nicht, den Eindruck zu erwecken, dass ihm ein Missgeschick passiert war und er einen (zwei) Fehler gemacht hatte. Der Schütze war richtig gut drauf und verkündete vor versammelter Jägerschar: „Anschiss vergeht, Trophäe besteht!"

Da hatte er die Rechnung allerdings ohne den Forstamtsleiter gemacht, der die Keilerwaffen kurzerhand einzog und zu den anderen Fehlabschüssen, die sich mit der Zeit im Forstamt angesammelt hatten, hängte.

Soviel ich weiß, wurde dieser Jäger nicht mehr eingeladen.

Kein guter Draht

Bei einer Nachsuche auf eine angefahrene Sau fanden der für dieses Revier zuständige Förster und ich zwei verluderte Rothirsche. Sie hatten sich beide mit ihren Geweihen in demselben Draht verfangen und lagen nur 15 Meter auseinander. Der eine war der vermutlich stärkste Hirsch des Reviers, den man längere Zeit nicht mehr beobachten konnte und schon vermisst hatte. Er lag in einem Bach, unmittelbar neben einem verrotteten Zaun, dessen Reste etwa zwanzig Meter am Bach entlang verliefen. Welche Bedeutung der Zaun ursprünglich gehabt hatte, war dem Förster und mir nicht ersichtlich. Der andere, ein gut veranlagter jüngerer Kronenhirsch, hatte sich mit dem Draht im Geweih an einer Fichte verfangen und nicht mehr befreien können.

Ein Drama für die Tiere, nur wegen eines nicht ordnungsgemäß entfernten Drahtzaunes.

Arme Leute

Mit Arko war ich wieder einmal hinter einer kranken Sau her.

Wir kamen gut voran, bis ich kurz vor mir auf einem kleinen Waldweg ein Auto sah, bewohnt von einem jüngeren Pärchen.

Sie schienen sehr arm zu sein, denn sie verfügten nur über wenig Kleidung, waren aber auf keinen Fall bis zur Unkenntlichkeit verheiratet. Sie machten auf mich nicht den Eindruck, dass sie sich stritten oder langweilten, sondern sie schunkelten vergnügt und schienen guter Dinge. Ich kann das beurteilen: Wenn ich mich mit meiner Frau streite, sehen wir beide wesentlich verkniffener aus.

Bestimmt Düsseldorfer, dachte ich. Kölner schunkeln anders.

Neidlos wünschte ich viel Vergnügen: „Maat et jood ävver nit ze off", sagt der Kölner.

Leise zog ich mich zurück und widmete mich wieder meiner Nachsuche, denn die Sau hatte sicher Schmerzen, wenn sie noch lebte. Arko und ich umschlugen das Auto so leise es ging, ich wollte nicht stören. Schließlich wusste ich um die Not junger Paare. Man war ja selbst mal jung.

Wir fanden die Fährte der kranken Sau wieder. Einige hundert Meter weiter lag sie verendet.

Als ich eine Stunde später wieder an dem geheimen Parkplatz vorbeikam, waren sie verschwunden.

Von da an ging´s bergab

Herbert, ein Schulfreund aus unserer gemeinsamen Zeit in Bad Münstereifel, wollte in Österreich auf Gams jagen und fragte, ob ich nicht mitkäme.

Gemeinsam machten wir uns auf den Weg.

Gegen Abend quartierten wir uns am Wilden Kaiser in einem kleinen Hotel ein. Ein Doppelzimmer war noch frei. Herbert schliefte in sein Bett und da ich einen Hund dabei hatte, legte ich mich mit ihm zum Schlafen auf den Fußboden.

Morgens wurde ausgiebig gefrühstückt und dann gingen wir wieder auf unser Zimmer, um unsere Klamotten zu holen.

„Was machst du denn da?" fragte ich Herbert. Er gab sich reichlich Mühe, mein nicht benutztes Bett in Unordnung zu bringen. „Meinst du, das Zimmermädchen soll glauben, ich hätte mir dir in einem Bett geschlafen?"

Nach langer Fahrt endlich im Revier angekommen, unternahmen wir mehrere Pirschgänge in der wunderschönen Bergwelt, geführt von dem zuständigen Forstbeamten. Im oberen Teil eines steilen, schneebedeckten Hanges sahen wir ein Rudel Rotwild. Ich hätte nie gedacht, dass Rotwild seine Wechsel an solch gefährlichen Stellen haben würde. Der Förster hatte seinen Abschussplan noch nicht erfüllt und beschoss einen Spießer. Der brach zusammen, rutschte an die 100 Meter den Hang herunter und blieb an einer Fichte hängen. Da lag er nun, vielleicht 80 Meter von uns entfernt, in steilem Hang mit einem Meter Schnee.

Es ging nun darum, zu dem Hirsch zu gelangen, ihn von der Fichte zu bekommen und weiter den Hang herunterrutschen zu lassen. Das war doch einmal eine echte Herausforderung für mich. Der Förster riet mir dringend, ganz, ganz langsam zu gehen. Er und mein Jagdfreund blieben am Rand des Abhangs stehen und beobachteten mich. Ich ging auf den Hirsch zu und glaubte, langsam genug zu sein. Schon nach zwanzig Metern wurden mir die Beine so lahm, dass ich eine Pause einlegen musste. Der Förster ermahnte mich, langsamer zu gehen. Wie kraftzehrend ein Spaziergang ist, wenn man bis zur Brust im Schnee steckt, diesen vor sich herschiebt und damit verdichtet, weil er rechts und links nicht weg kann, hätte ich nie gedacht. Mit solchen Verhältnissen hatte ich allerdings auch keine Erfahrung, nicht einmal aus den harten, schneereichen Eifelwintern.

Es dauerte lange, bis ich fix und fertig endlich bei dem Hirsch ankam. Von der Fichte befreit, rutschte der hangabwärts. Im selben Moment löste sich über mir ein Schneebrett, erfasste mich und riss mich mit, den Abhang hinunter. 100 Meter weiter unten kam ich zum Stehen oder besser gesagt, zum Liegen.

Ich hatte riesiges Glück gehabt. Instinktiv hatte ich meine Brille in die Hand genommen, hoch gehalten und war mit dem Kopf nicht unter den Schnee geraten.

Seine Gams bekam Herbert leider nicht.

Mit diesem Schulfreund im Schlepptau kroch ich durch den Schwarzdorn an den Standlaut von Bessie heran, die einen Überläufer mit Laufschuss stellte.

Die Sau bekam uns aber spitz und brach aus. Die Hündin stellte erneut, wir folgten weiter auf allen Vieren. Mein Begleiter war zwei Meter hinter mir und ich sah, dass er die Mündung seiner Waffe in meine Richtung hielt. Auf meine Frage, ob er auch wieder unterladen habe, schaute er vorsichtshalber nach. Hatte er nicht!!!

Tolle Freunde habe ich!

Noch einmal Glück gehabt!

Herbert und ich hatten an der jährlichen Drückjagd in der Eifel teilgenommen, die ein Jagdfreund traditionsgemäß Ende November revierübergreifend mit zwei Nachbarn abhielt. Das war ein sinnvoller Termin, damit die Strecke noch vor Heiligabend verarbeitet werden konnte. Der Jagdleiter hielt eine launige Ansprache an die anwesenden Jäger: „Ich unterstelle, dass jeder im Besitz eines gültigen Jagdscheins ist, jeder ist für seinen Schuss verantwortlich, freigegeben sind Spießer bis Lauscherhöhe, Kälber, alles an Sauen außer führenden Bachen – wir haben zu viel Schwarzwild – und Füchse, aber keine Rehe." „Und keine Treiber und auf gar keinen Fall Hunde", ergänzte ich.

Es lag eine geschlossene Schneedecke und abends reichlich Wild auf der Strecke. Und kalt war es. Nun war Strecke gelegt, verblasen, die obligatorischen Schlussworte wurden gesprochen und der Freude Ausdruck gegeben, dass nur Wild und kein Treiber oder sogar Hund auf der Strecke lag. Es war ein rundherum harmonischer, herrlicher Jagdtag. Es gab gewiss niemand, der sich nicht auf das gemütliche, warme Wirtshaus und das gemeinsame Schüsseltreiben freute. Es wurde viel palavert, jeder erzählte, was er erlegt oder gesehen hatte, gegessen und getrunken.

Irgendwann sagte Herbert, der fleißig mitgezecht hatte: „Ich bin müde, ich geh in die Falle." Wir hatten uns in einem kleinen Hotel im Dorf einquartiert (allenfalls zwei Sterne bei wohlwollender Betrachtung, in dieser Gegend aber schon die Luxusvariante im oberen Preissegment). Herbert zog ab – nicht mehr ganz auf gerader Linie -, ich wollte noch was bleiben. Normalerweise bin ich immer einer der Ersten, der sein Bett vermisst und seinen Schönheitsschlaf braucht.

Als ich eine Stunde später den Weg zu unserem Hotel suchte, das vielleicht 100 Meter vom Gasthaus entfernt war, tanzten wieder Schneeflocken. Unterwegs bemerkte ich eine Gestalt unter einem Baum liegen. Ich ging hin, und da lag Freund Herbert im Schnee, zusammengerollt wie ein Iltis, und schlief fest. Ich weckte ihn und er sagte treuherzig: „Ich habe meinen Schlüssel vergessen und bin nicht reingekommen." Den Rückweg zur Kneipe hatte er dann nicht mehr geschafft. Es war sicher nicht ganz ungefährlich, sich in seinem Zustand bei Minustemperaturen in seinen Kessel einzuschieben, aber dessen dürfte er sich kaum bewusst gewesen sein.

Bettgeschichten

Der Förster H. S. hatte einen Hirsch geschossen, ich hatte ihn mit Bessie nachgesucht. Meine Frau und ich waren zu den anschließenden Feierlichkeiten eingeladen. Einer der anwesenden Jäger – meine Frau behauptet, ich sei es gewesen – kam zu vorgerückter Stunde und nach entsprechendem Alkoholkonsum auf die Idee, dem glücklichen Erleger den Hirsch ins Bett zu legen. Der Zeitpunkt schien günstig, wenn H. gerade Nachschub an Getränken holte. Gesagt, getan.

Der Hirsch, kein ganz geringer, wurde in dem alten Forsthaus die enge, steile Treppe bis ins Schlafzimmer heraufgetragen, ins Bett des Försters gelegt und zugedeckt, die Vorderläufe brav auf der Decke. Es war ein Bild, an dem alle Anwesenden ihre helle Freude hatten. Die Begeisterung des Försters über diesen Scherz hielt sich dagegen in engen Grenzen. Er legte uns nahe, den Hirsch nach Beendigung der Feierlichkeiten wieder herunterzuschaffen. Beim Abtransport des Hirsches ist dann auch noch dessen Bett zusammengekracht.

Ob unser Gastgeber, über dessen Weinvorräte wir ordentlich hergefallen waren, an dem Abend noch die schweißige Bettwäsche gewechselt hat oder sich so zu den Hirschläusen gelegt hat, weiß ich nicht.

Blattschuss

Ein Jäger hatte morgens bei bestem Büchsenlicht auf 25 Meter einen starken Keiler beschossen (Kaliber 8 x 57 mit einem Teilmantel-Rundkopf-Geschoss), der regelmäßig von einer Suhle in einen Maisschlag wechselte. Da er nicht lag, wurde eine Nachsuche erforderlich. Der Jäger hatte sich im halben Hang an den Wechsel des Keilers gesetzt. Er gab an, gut abgekommen zu sein und gesehen zu haben, wie es auf dessen Blatt „gestaubt" hätte. Der Keiler hätte kurz geruckt und sei dann in leichtem Troll abgegangen. Der Bestand hatte einigen Farnunterwuchs, der Schütze hatte die Sau aber trotzdem noch etwa 80 Meter weit beobachten können. Ich kannte ihn schon länger als sehr zuverlässig, glaubte seinen Angaben und rechnete daher mit einer kurzen Totsuche.

Drei Stunden nach dem Schuss trafen wir uns an Ort und Stelle. Hier waren deutlich Eingriffe zu erkennen, sonst fand ich nichts.

Maud arbeitete die Fährte, wie der Schütze die Flucht beobachtet hatte, bis zu einem einen Meter hohen Kulturzaun. Diesen hatte der Keiler überfallen, was an den Eingriffen zu erkennen war. Ich hob die Hündin über den Zaun, doch sie zeigte wenig Interesse, die Fährte weiter zu arbeiten, daher brachen wir die Suche ab. Maud war im besten Nachsuchenalter, es war undenkbar, dass sie die Fährte einer schwerkranken Sau nicht arbeitete.

Der Schütze und ich überlegten, was da passiert sein könnte und kamen zu dem Schluss, dass der Keiler das Geschoss wohl auf dem Blatt habe, dieses aber wegen der Stärke des Stückes von deutlich über 100 Kg Gewicht, Suhldreck, Schild und Muskulatur nicht viel angerichtet habe und daher für Maud zu wenig Wundwitterung vorhanden war.

Diese Einschätzung erwies sich einige Monate später als richtig.

Der Jäger erlegte diesen Keiler, er wog aufgebrochen nach der

Rausche noch 122 kg. Das erste Geschoss (RWS) saß auf der Blattschaufel, hatte diese aber nicht durchschlagen und keinen größeren Schaden angerichtet. Es blieb der einzige Fall, an den ich mich erinnere, dass eine 8 x 57 Teilmantel-Rundkopf für eine starke Sau nicht ausreichte. Mit diesem Schuss auf die Zehn hätte der Keiler mit einem stärkeren und härteren Geschoss sicher im Knall gelegen.

Vergesslich

Gerd Behrend, zu jener Zeit Förster und erfolgreicher Schweißhundführer aus dem Westerwald, bat um Hilfe bei der Nachsuche auf eine Sau mit Laufschuss. Er hatte einen jungen Bayerischen Gebirgsschweißhund, der noch nicht so viel Erfahrung bei der Hetze hatte.

Wir bekamen die Sau, sein Hund hatte eine gute Riemenarbeit gemacht und Baldo entkam keine Sau mit Laufschuss bei der Hetze. Wir versorgten den Überläufer und fuhren frohgemut wieder heim, jeder etwa 80 km weit.

Zu Hause bemerkte ich, dass meine Waffe fehlte. Während des Aufbrechens hatte ich sie an einen Baum gestellt. Da stand sie jetzt immer noch, hoffte ich jedenfalls.

Beide mussten wir noch einmal zurückfahren. Alleine hätte ich die Waffe nie gefunden, ich kannte mich dort nicht aus. Zum Glück stand sie noch an Ort und Stelle, sonst hätte ich ein Problem gehabt.

Nur gut, dass Vergesslichkeit nicht weh tut!

Abgefangen

Im Bundesforst war morgens ein Stück Rotwild angefahren worden und lag am Straßenrand. Zum Glück fuhr unmittelbar nach dem Unfall zufällig ein Jäger vorbei. Dieser sah, dass das Stück – nach seiner Aussage ein Schmaltier – noch lebte und fing es mit seinem Jagdmesser hinter dem Blatt ab. Darauf sprang es auf und verschwand hinter den anderen Stücken in einen Bestand aus Kiefern und Birken. Der Jäger konnte noch beobachten, dass das kranke Stück nach etwa achtzig Metern zu den übrigen aufschloss. Der Fahrer des Unfallwagens begutachtete derweil den entstandenen Schaden an seinem Wagen. Auch das Handeln des Jägers war für ihn sicher nicht alltäglich.

Drei Stunden später traf ich mich mit dem für dieses Revier zuständigen Förster Klaus Ölmann an der Unfallstelle. Zum Glück hatte der Jäger das Schmaltier noch abzufangen versucht, sonst hätte es sicher eine schwierige Nachsuche werden können. So rechnete ich damit, dass wir es bald verendet oder schwerkrank finden würden.

Etwa einen Kilometer folgten wir mit Hera der Rudelfährte – Schweißbestätigung hatten wir nicht -, dann wollte die Hündin nicht mehr. Ich konnte sicher sein, dass keine schlimme Verletzung vorlag, wenn Hera eine Fährte nicht mehr arbeiten wollte.

Mit Klaus Ölmann fuhr ich zu dem Jäger, der das Stück abgefangen hatte, und wir ließen uns dessen Messer zeigen. Eines stand für uns sofort fest: Mit so einer kleinen, stumpfen „Kniepe“ konnte kein Mensch ein Stück Rotwild abfangen.

Sollte er wirklich durch die Decke gestoßen haben, was ich bezweifelte, die Lunge hatte er mit Gewissheit nicht verletzt.

Ein neuer Kunde

Ein mir unbekannter Jäger rief aus der Eifel an. Er hatte nachts eine stärkere Sau beschossen und nicht gefunden. Über irgendwelche Umwege war er an mich geraten. Wir verabredeten uns mit seinem Jagdaufseher. Die Sau, ein Keiler von 80 kg, war schnell gefunden.

Inzwischen hatte ich erfahren, dass der Revierpächter einen größeren Gastronomiebetrieb hatte. Aus einer solchen Sau konnte man Hunderte von Frischlingssteaks an Rotkraut mit Birne und Preiselbeeren mit jungen Salzkartöffelchen für 27,50 € zaubern, das rechnet sich. Als Mann vom Fach weiß ich das. Obwohl es nachts kalt war, musste das Stück allerdings schnellstmöglich versorgt werden, da es einige Stunden gelegen hatte. Den Keiler in einen Kühlraum zu schaffen, konnte die Lösung nicht sein, das sah auch der Jagdhüter ein. Es hätte in seiner dichten Schwarte viel zu lange gedauert, bis er ausreichend – wenigstens auf sieben Grad – durchgekühlt war.

Wir zogen die Sau an eine freie Stelle, und während der Jagdaufseher zu Hause alles holte, was man so braucht, wenn man eine größere Sau unter einigermaßen hygienischen Bedingungen im Wald zerlegen will, schwartete ich sie ab, zerlegte sie in ihre Einzelteile und löste an Ort und Stelle sämtliche Knochen aus. Als ich fertig war, wog kein Stück Wildbret mehr als drei Kilo. Daheim beim Jagdhüter kamen die Einzelteile kurz in die Gefriertruhe, aber nur so lange, bis sie heruntergekühlt waren. Auf keinen Fall durften sie gefrieren. Bald hatte das Fleisch die gewünschte Farbe, und es roch auch appetitlich. Zur Vorsicht nahm ich eine Probe mit nach Hause, um den pH-Wert festzustellen. Der war einwandfrei.

Als alles Wildbret gut durchgekühlt war, packten wir es in eine Kühlbox und ich brachte es dem Erleger in seinen Betrieb nach Duisburg.

Durch diese Aktion der Wildbretverwertung entstand eine langjährige Jagdfreundschaft, und sie besteht immer noch. Außerdem hatte ich einen neuen „Kunden" für Nachsuchen gefunden.

Bärenjagd

Ein Polizist aus Köln rief an. Es war Winter, neblig und kalt.

Mehrere Personen hatten in der Morgendämmerung gesehen, dass ein brauner Bär über die Autobahn Köln-Merheim gewechselt und im Wald verschwunden war.

„Können sie mal mit ihrem Schweißhund kommen?"

Ich erklärte dem offensichtlich noch jungen Beamten, dass Bären in letzter Zeit in unserer Gegend recht selten geworden wären. Er hatte in der Polizeischule wohl gut aufgepasst, denn er schien das zu wissen. Da die Beobachtung aber von mehreren Seiten unabhängig voneinander gemeldet wurde, müsse man der Sache nachgehen. Ein Bär könnte ja vielleicht irgendwo illegal gehalten worden und ausgebrochen sein.

Wir verabredeten uns an der Autobahn. Es gab einiges an Polizeiaufgebot, auch ein Kameramann und Pressevertreter fanden sich ein.

Einem jungen Polizisten drückte ich die Schweißleine von Hera in die Hand mit der dringenden Bitte, nur ja nicht loszulassen. Zur Vorsicht hängte ich meine 9.3-Büchse um, man kann ja nie wissen.

Am Böschungsrand lag noch etwas Schnee und ich suchte nach der Bärenfährte. Da stand sie, handtellergroß. Doch es war nicht die eines Bären, sondern nur die Spur eines großen Hundes! Der Beschreibung nach musste es ein sehr großes Tier mit braunem, zotteligem Fell gewesen sein.

Polizei und Presse konnten sich wieder zurückziehen. Es gab nichts Sensationelles zu erleben und berichten. Trotzdem stand die Geschichte am nächsten Tag in der Zeitung.

Ein trauriger Fund

Bei einer Nachsuche auf einen offensichtlich gefehlten Rothirsch fand ich im Bundesforst eine alte Dame tot in einem Bach. Später erfuhren wir, dass sie aus einem Heim weggelaufen und wohl orientierungslos im Wald herumgeirrt war. Jedenfalls hatte sie nicht mehr zurückgefunden. Vermutlich setzte sie sich erschöpft auf die Brückenmauer oberhalb des Baches und fiel herunter.

Die Nachsuche wurde abgebrochen und der zuständige Förster verständigte die Kripo.

Die alte Dame wurde schon seit Wochen vermisst, nun hatten die Angehörigen wenigstens Klarheit über ihren Verbleib.

Ziemlich kaputt

Es war schon später Nachmittag, als ein Jäger um eine Nachsuche auf eine morgens beschossene Sau bat. Der Schütze hatte mit seinem eigenen Hund nachgesucht, kam aber nicht mehr weiter.

Die Zeit drängte und ich war wohl schneller unterwegs, als es sinnvoll war. In einer sehr engen Kurve – erlaubt waren hier zehn Stundenkilometer – kollidierte ich mit einem entgegenkommenden LKW. Der hatte allerdings die besseren Argumente auf seiner Seite, denn ein Schaden war an seinem Fahrzeug nicht zu erkennen. Dagegen entstand an meinem Wagen wirtschaftlicher Totalschaden. Wie sagte schon Wilhelm Busch: „Denn blinder Eifer schadet nur!“ Zum Glück war aber niemandem etwas passiert.

Zu der Nachsuche kam ich allerdings nicht mehr. Bis ich organisiert hatte, dass der Schrott von der Straße kam, war es dunkel geworden.

Wir versuchten am nächsten Tag noch, an die Sau heranzukommen, hatten aber leider keinen Erfolg. Allem Anschein nach war sie auch nur leicht angeschweißt.

Gesundgeschrieben

Die Sauen verursachten in den Wiesen einigen Schaden.

Der Förster Emil Brocher wollte Abhilfe schaffen, und so verabredeten wir uns zu später Stunde. Gemeinsam wollten wir uns um Schadensbegrenzung bemühen. Wir waren oft bis tief in die Nacht unterwegs und erzählten auf dem Hochsitz über Gott und die Welt. Die Themen gingen uns (ihm – ich war zumeist andächtiger Zuhörer) nie aus.

Vom Wald her pirschten wir die Wiesen an. Wie vermutet, waren die Sauen um diese Zeit schon draußen, eine Bache mit ihren Frischlingen und etwas abseits ein schwacher Überläufer. Wir schlichen uns bis auf Schussentfernung an die Rotte heran. Im Falle einer Störung wollten die Sauen sicher wieder in den Wald zurück, wo sie herkamen.

Ich beschoss den Überläufer, der lag im Knall. Die Bache grunzte ihren Nachwuchs zusammen, sie wollte zurück in den Wald. Bis auf 50 Meter wechselten die Sauen auf uns zu und traten dann verunsichert hin und her. Offensichtlich hatten sie Wind von uns bekommen. Sie waren jetzt nicht mehr auf der freien Wiese, sondern in einem Streifen mit Sumpf und Grasbülten. Ein Frischling stand frei, ich beschoss ihn auf dem Bauch liegend. Er lag nicht, ich war aber der Meinung, gut abgekommen zu sein.

Die Sauen flüchteten nicht auf dem kürzesten Weg in den Bestand, sondern machten einen Bogen zurück über die Wiese ins Kernrevier. Der Förster hatte die Sauen mit dem Glas beobachtet. Ihm schien, als liefe einer der Frischlinge nicht normal.

In der Nacht hatten zwei Jäger auf meinen Anrufbeantworter gesprochen und jeweils um eine Nachsuche gebeten. Ich verabredete mich am nächsten Morgen zu einer Zeit, die mir noch eine Stunde ließ, meine eigene Sache abzuklären.

Beim ersten Licht war ich an meinem vermeintlichen Anschuss, fand diesen aber nicht. Allerdings konnte ich ihn auch nicht genau bestimmen. Dann versuchte ich, den Anschuss mit Hilfe von Bessie zu finden. Sie zog nach links, doch da die Sauen nach rechts abgegangen waren, nahm ich sie zurück und suchte am Wald vorhin, wohin die Sauen verschwunden waren. Ich fand aber nichts, und die Hündin hatte kein Interesse an den Fährten. Hier war keine kranke Sau dabei, da konnte ich sicher sein. Auf der Wiese standen Rinder, die tiefe Bodenverwundungen verursacht hatten. Ich sah das als Erklärung dafür an, dass die Sauen „unrund" liefen. Die Wiese war wirklich sehr holperig.

Mit dem Ausgang meiner eigenen Nachsuche war ich nicht zufrieden und nahm mir vor, nach Beendigung der beiden anderen Suchen die Sache noch einmal in aller Ruhe zu kontrollieren. Die dauerten aber bis zum Abend, so blieb es bei dem guten Vorsatz. Auch am nächsten Tag standen konkrete Suchen an. Inzwischen stufte ich meine eigene Sache als Kontrollsuche ein und schloss auch die Möglichkeit eines Fehlschusses nicht mehr aus. Am dritten Tag schrieb ich die Sau gesund, mit einem unguten Gefühl im Bauch. Am vierten Tag ging ich fährten. Ich wollte nachsehen, ob die Sauen nachts wieder die Wiese umdrehten.

Mein Auto stellte ich ungefähr 100 Meter von dem vier Tage zurückliegenden Anschuss ab. Bessie, freigelassen, lief sofort auf diesen zu. Sie wusste genau, wo die Sau lag, nur 30 Meter vom Anschuss entfernt, gut gedeckt zwischen den Grasbülten. Bei meiner oberflächlichen Nachsuche in der Morgendämmerung und unter Zeitdruck hatte ich ihr Verhalten nicht bemerkt und den Frischling im hohen Bewuchs nicht liegen sehen. Sicher wäre mir das nicht passiert, wären mir die anderen Nachsuchen nicht dazwischen gekommen. Getröstet hat mich auch, dass der kleine Frischling sofort verendet und nicht krankgeschossen war. Wieder einmal hatte ich Lehrgeld bezahlt.

Man kann auch sagen: Et kütt wie et kütt.

Gebrechschüsse

Ein Jagdfreund aus der Eifel rief an. „Wir haben eine Sau mit Laufschuss, kannst du kommen?“ Am Anschuss stellte ich fest, dass sie einen Gebrechschuss hatte. Während wir noch überlegten, woher man unter der Woche einige Vorstehschützen herzaubern konnte, kam ein Hilferuf aus dem Bergischen Land auf eine laufkranke Sau. Da ich mit einer gebrechkranken Sau ausgelastet war, versuchte ich, einen befreundeten Schweißhundführer zu erreichen, der die zweite Nachsuche übernehmen konnte. Leider bekam ich niemanden, so musste ich da auch noch hin. Wie sich später herausstellte: noch ein Gebrechschuss.

Wir konnten keine Vorstehschützen auftreiben, so zogen wir alleine los. Bereits nach 600 Metern Fährtenarbeit merkte ich am Hund, dass wir an der Sau waren. Dann sah ich sie kurz, zu kurz, um einen Schuss loszuwerden. Hätte ich doch einen Augenblick schneller reagiert, ich hätte eine Chance gehabt. Hatte ich aber nicht! Hätten wir doch Schützen gehabt und abstellen können. Hatten wir auch nicht!

Ich geschnallte Bessie, die Hetze war erfolglos. Eine Stunde später kam sie zurück.

Da wir noch den vermeintlichen Laufschuss im Bergischen Land hatten, brachen wir ab. Unter der Voraussetzung, dass für den nächsten Tag genügend Vorstehschützen zur Verfügung stünden, wollten wir einen neuen Versuch starten und die Hetzfährte ausarbeiten. Es standen aber keine Vorstehschützen bereit, so gab es auch keinen zweiten Versuch mehr.

Bei der zweiten Sau ging es mir ähnlich. Wieder merkte ich, dass wir dran waren. Wieder fehlten nur Sekunden und es hätte geklappt.

Zwei Sauen mit Gebrechschüssen hätte ich fast gehabt und hatte doch keine. Das war kein befriedigendes Ergebnis. So konnte das nicht bleiben, und es blieb auch nicht so. Meine bisherige Taktik bei Nachsuchen auf gebrechkranke Sauen war trotz aller Mühe zu wenig erfolgreich und musste überdacht werden.

Einige Wochen später rief der Jagdhüter aus der Eifel an, in dessen Revier wir nachgesucht hatten. Ein Bauer war am Ortsrand in seine offene Scheune gegangen. Darin hatte eine Sau mit herunterhängendem Unterkiefer gelegen. Sie wäre dünn wie ein Brett gewesen und langsam in den Wald gezogen, als sie ihn bemerkt hätte.

Als mich die Nachricht erreichte, war das leider schon drei Tage her. Ich war sicher, dass dies die erfolglos nachgesuchte Sau war. Mit Riemenarbeit war da sicher nichts mehr zu machen. Trotzdem fuhr ich in die Eifel, vielleicht lag die Sau irgendwo in der Nähe der Scheune. Mit Bessie suchte ich einen ganzen Tag die nähere und weitere Umgebung ab, leider ohne Erfolg.

Ob und wo sie später gefunden wurde, habe ich leider nie erfahren. Solche Rückmeldungen sind immer sehr wertvoll. Ein Schweißhundführer wird bestimmt nicht dummer davon.

Steht eine Nachsuche auf eine Sau mit Gebrechschuss an, so muss ich jeden erdenklichen Aufwand betreiben, sie zur Strecke zu bringen. Schließlich weiß ich um ihr Schicksal. Einmal muss unbedingt eine erforderliche Anzahl an zuverlässigen Vorstehschützen her. Außerdem braucht man jemanden mit Revierkenntnis, der weiß, welche Wechsel wo abgestellt werden müssen. Und Zeit braucht man. Termine mache ich für den Tag nicht, um mich nicht unter Zeitdruck zu setzen.

Es ist sinnvoll, sich mit einem anderen erfahrenen Schweißhundführer zusammenzutun und die Suche gemeinsam anzugehen. Der Schweißhund mit der meisten Erfahrung macht die fast immer schwierige Riemenarbeit. Kommt man in die Nähe der Sau, was man ja meistens am Verhalten des Hundes merkt, so hat ein erfahrener Begleiter oft die erste und manchmal einzige Gelegenheit, sie zu erlegen. Mitunter hat der am ehesten den richtigen Riecher, was im entscheidenden Moment zu tun ist. Er ist schneller schussbereit als der Hundeführer, der seinen Hund noch an der Leine und die Waffe quer über dem Rücken hängen hat. Kommt er nicht zu Schuss, weil die kranke Sau zu früh oder an ungünstiger Stelle aus ihrem Kessel flüchtet, so wird er jedenfalls keine Märchen erzählen, er hätte nicht gewusst, ob es wirklich die kranke Sau gewesen wäre, sie hätte nicht ganz breit gestanden, wäre zu schnell oder ein Ast sei im Weg gewesen. Nicht selten wird es ihm gelingen, sich rechtzeitig in eine günstige Schussposition zu bringen und einen Schuss – vielleicht sogar mehrere – loszuwerden. Damit steigen die Chancen, das kranke Stück zur Strecke zu bringen.

Seit ich Sauen mit Gebrechschüssen auf diese Weise nachgesucht habe, meist unter Mithilfe des Schweißhundführers Franz Bongartz, hat sich die Erfolgsquote jedenfalls deutlich erhöht. Diese Stücke alleine nachzusuchen, vielleicht mit einem gehbehinderten Jäger als Bremsklotz im Schlepptau und ohne Vorstehschützen, bringt in aller Regel keinen Erfolg. Hat man einen Hund, der eine sichere Riemenarbeit macht, kommt man wohl an die Stücke heran, bei der Hetze wird es aber allenfalls Zufallserfolge geben.

Wichtig ist, dass der Hundeführer und sein Hund die Erfahrung gemacht haben, dass sie auch auf eine Sau mit einem Gebrechschuss durchaus Erfolg haben können. Hat ein Gespann mehrere gebrechkranke Sauen erfolglos nachgesucht, weil der Hundeführer den erforderlichen Aufwand gescheut hat, kann schnell der Gedanke aufkommen, dass diese Stücke nicht zu kriegen sind. Das ist nicht gerade förderlich für den Fährtenwille und das Durchhaltevermögen, weder für den Führer, noch für den Schweißhund, die für solche Nachsuchen aber unbedingt erforderlich sind.

Handel und Wandel

Über die Nachsuchen bei verschiedenen Forstämtern kam ich als „Seiteneinsteiger“ zum Wildhandel. Von Anfang an lebte ich nicht in der Illusion, in dieser Branche mit wenig Arbeit reich werden zu können. Dafür bot sie mir Gelegenheit, meine Arbeitszeit recht gut einzuteilen und mich für Nachsuchen freizumachen. So ließe sich auf sinnvolle Weise das Angenehme mit dem Nützlichen verbinden.

Nach den Jagden suchte ich nach, häufig zusammen mit anderen Schweißhundführern, und übernahm die Strecken. Manchmal blieben nur noch Restbestände, nachdem vorher die Rosinen herausgepickt wurden. Keulen- und Rückenschüsse stehen bei Wildinteressenten nicht sonderlich hoch im Kurs. Das gab dann schon einmal Diskussionsstoff mit den Forstamtsleitern, da unsere Meinungen über zu tätigende Abzüge mitunter recht unterschiedlich waren. Der Wildhandel war ja nicht mein Hobby, sondern Geschäft. Da kann man keine höheren Preise zahlen oder geringere Abzüge in Kauf nehmen, nur um sich beliebt zu machen.

Einmal lagen nach einer längeren Verkaufsorgie an die anwesenden Jäger nur noch fünf stärkere Sauen – allesamt mit Keulen- und den dazugehörigen Fangschüssen – auf der Strecke. Als sich keiner der Anwesenden erbarmte, doch noch eine dieser Sauen zu erwerben, sagte der Forstamtsleiter unter hörbarem Stöhnen: „Dann müssen sie eben in den Handel!“ Er war bestimmt der Ansicht, ich müsste mich fühlen, als hätte ich soeben im Lotto den Jackpot geknackt, sechs Richtige mit Zusatzzahl.

Jedenfalls war ich der glückliche Gewinner der fünf zerschossenen Sauen.

Ständig auf Achse

Über einen Zeitraum von mehreren Wochen hatte ich einem Schweißhundführer, mit dem ich gelegentlich zusammen nachsuchte, über 50 Stück Schwarzwild und einige Rehe geliefert. Er war Pächter eines größeren Gastronomiebetriebes und hatte mich gefragt, ob ich ihm kein Wild besorgen könnte.

Die Sauen und Rehe kamen in seinen Gefrierraum. Eine Zeit lang hörten wir nichts mehr voneinander, dann rief ich an und wollte die Zahlungsbedingungen besprechen. Ich hatte geglaubt, dass dies eigentlich nicht erforderlich sei, wollte auch nicht drängen, sondern mich lediglich schlau machen, wie es weitergehen sollte.

Die Managerin des Betriebes sagte mir, dass Herr X nicht im Hause, sondern auf Nachsuche sei. „Richten sie freundliche Grüße aus, er möchte mich einmal zurückrufen!" Auf einen Rückruf wartete ich allerdings vergeblich.

Ein paar Tage später rief ich wieder an. Gleiche Auskunft, gleiche Bitte um Rückruf. In den nächsten Wochen rief ich wohl jeden zweiten Tag zu den unterschiedlichsten Zeiten an. Herr X muss rund um die Uhr nachgesucht haben, nie war er da, nie kam ein Rückruf.

Dann hatte ich die Nase gestrichen voll. Ich sagte der Hausdame, dass ich in drei Stunden vorbeikäme und das Wild abholen würde. Sie antwortete, dass dies keinen Zweck hätte, da sie kein Wild herausgeben dürfe und außerdem keinen Schlüssel des Gefrierraumes hätte. Ich erklärte, dass das alles kein Problem sei, da ich handwerklich recht geschickt wäre und eine verschlossene Zellentür kein Hindernis für mich bedeute.

Ich packte einiges an Werkzeug ein, deutlich gröber als Zange und Schraubenzieher. Drei Stunden später stand ich vor dem Lokal.

Es gab einige Einschüchterungsversuche, die mich daran hindern sollten, mein Wild aus der Zelle zu holen.

Ich nahm einiges Werkzeug aus dem Wagen und sagte, dass sie kaum geeignetes Personal zur Verfügung hätte, mich daran zu hindern, das Wild mitzunehmen, auch die zwei Männer nicht, die sich demonstrativ neben ihr aufgebaut hatten.

Ich muss einen überzeugenden Eindruck gemacht haben, dass ich nicht zum Spaß hier war.

Als ich mich der Zellentür näherte, kam die Dame mit dem Schlüssel gelaufen und schloss auf. Auch ihre beiden Bodyguards hatte sie zurückgepfiffen, denn sie verhielten sich ruhig. „Na also, geht doch!", dachte ich.

Mein Wild war noch komplett vorhanden. Ich sagte den beiden Herren, sie mögen mir doch bitte beim Aufladen helfen, was diese auch bereitwillig taten.

Alle Stücke schrieb ich auf, quittierte die Rücknahme und fuhr heim.

Noch einige Male habe ich Herrn X getroffen. Wir haben nie ein Wort über die Angelegenheit verloren. Wohl habe ich ihn gefragt, ob er noch so viel nachsuchen würde und so wenig Zeit hätte?

Ob er den Sinn meiner Frage verstanden hat, weiß ich nicht.

Ich bin mir vollkommen bewusst, dass mein Handeln grenzwertig war. Sicher hätte ich eine Sachbeschädigung vermieden und letztendlich den Rechtsweg gehen müssen, falls ich mit meinem auftreten keinen Erfolg gehabt hätte.

Eine Problemstrecke

Nach einer Jagd in einem größeren Gatterrevier in der Eifel hatte ich den ganzen darauffolgenden Tag nachgesucht. Die Strecke sollte bis auf Privatverkäufe ein Wildhändler übernehmen.

Abends sagte mir der zuständige Berufsjäger Reinhard Schneider, es gäbe Ärger mit diesem Händler. Der wollte sich nicht mehr an die vereinbarte Preisabsprachen halten. Diesem Händler wollte er die Sauen auf keinen Fall mehr geben.

„Kannst du die nicht nehmen?“, fragte er mich.

Er bot mir die Strecke zu gleichen Konditionen an, ungefähr 60 Sauen, im Schnitt etwa 70 kg Gewicht.

Nach einigen Überlegungen und Telefonaten – ich musste ja Metzger zur Aushilfe besorgen, da für mich auch noch Nachsuchen anstanden – übernahm ich die Strecke, da ich Reinhard Schneider nicht hängen lassen wollte. Ich nahm so viele Sauen mit nach Hause, wie meine Helfer die nächsten zwei Tage verarbeiten konnten.

Abends fiel die Kühlung aus! Bei Straßenarbeiten war ein Kabel beschädigt worden. Meinem Stromversorger schilderte ich per Telefon meine Notlage. Zum Glück wurde der Schaden noch in der Nacht behoben.

Als ich zwei Tage später die übrigen Sauen abholte, waren diese gefroren. Man hatte es extra gut gemeint und den Kühlraum auf Minustemperatur gebracht, damit die größeren Stücke schneller auskühlten. Nur dauerte es jetzt erheblich länger, die Sauen abzuschwarten, es erschwerte uns die Arbeit zusätzlich.

Jede Woche muss ich eine solche Aktion wirklich nicht haben.

Die Wintermonate waren wirklich eine elende Plackerei und schlauchten gewaltig. Oft hatten wir neben dem Wild, was normal so von den Jägern hereinkam, die Drückjagdstrecken von vier Forstämtern vor der Brust und zum Ende der Saison konnten meine Mitarbeiter und ich keine roten und schwarzen Tiere mehr sehen. Die ganze Arbeit musste bei mir ja neben den Nachsuchen – das hieß in der Regel nachts – bewältigt werden.

Ich hätte mir einen leichteren Beruf aussuchen sollen: vielleicht Bergmann, untertage in einer Zeche im Ruhrpott oder am Hochofen bei Thyssen Krupp.

Jagdgegner

Seit mehreren Monaten wurden im Bundesforst Hochsitze und Kanzeln beschädigt. Meist wurden die Leitern so hoch abgesägt, wie der „Tierfreund“ mit seiner Säge reichen konnte, oder es wurden Leitersprossen zerstört. Besonders gefährlich war, wenn Sprossen nur angesägt waren und durchbrachen, wenn man darauf trat. Es gab auch Versuche, jagdliche Einrichtungen abzubrennen.

Frühmorgens hatte ich mich angesetzt und einen Frischling beschossen, der mit gutem Schuss noch eine kurze Todesflucht machte.

Eine halbe Stunde etwa brauchte ich, um den zuständigen Förster zu holen. Als wir zu dem Hochsitz kamen, von dem aus ich geschossen hatte, lag dieser – an den Pfosten abgesägt und umgestoßen – in den Büschen. Der „Tierfreund“ muss ganz in meiner Nähe gewesen sein, als ich schoss.

Mehrmals wurde Anzeige wegen Sachbeschädigung gegen Unbekannt erstattet. Soviel ich weiß, konnte die Sache nicht aufgeklärt werden. Es gab aber einen Verdacht. Schließlich hörten die Beschädigungen auf.

Reklamation

Der Koch einer Reha-Klinik hatte zur Beköstigung der Patienten Hirschragout bestellt. Ich bat meinen Mitarbeiter – gelernter Metzger – die bestellte Menge fertig zu machen und lieferte diese am nächsten Tag bei der Klinik ab.

Wegen anfallender Nachsuchen war ich nicht dabei, als das Ragout zurechtgeschnitten wurde. Mittags rief der Koch an, er war außer sich und schrie durchs Telefon. Es fielen Bemerkungen wie: „Verbrauchertäuschung“ und „Betrug“ und mit „so Einem“ – damit war ich gemeint – würde er nie wieder Geschäfte machen. Der Mann konnte sich gar nicht beruhigen. Er drohte, allen Köchen der umliegenden Krankenhäuser zu sagen, was ich „für Einer“ wäre, er wüsste genau, wohin ich liefern würde. Es dauerte eine ganze Zeit, bis er ausgeschimpft hatte und ich endlich erfuhr, was denn der Grund für die ganze Aufregung war.

Was war passiert? Der Metzger hatte ein Stück Rotwild zerlegt und daraus das Ragout geschnitten. Unglücklicherweise befand sich noch das Herz in dem Stück. Dem Metzger war es zu schade, dieses ins Hundefutter zu geben, so hatte er es kurzerhand mit ins Ragout geschnitten. Das war natürlich nicht in Ordnung. Ich entschuldigte mich für diese Panne und fragte nach den Möglichkeiten einer Schadensbegrenzung. Der Koch war nicht zu besänftigen, für ihn war ich gestorben.

Tatsächlich hatte er die Köche der umliegenden Krankenhäuser angerufen und sie über meine „Geschäftsmethoden“ unterrichtet. „Abgesprungen“ ist jedoch keiner von ihnen. Offensichtlich waren sie mit dem, was ich lieferte, zufrieden und sahen die Angelegenheit weniger dramatisch.

Einige Zeit später erfuhr ich, dass besagter Koch nicht mehr in der Klinikküche arbeitete. Auch erzählte man mir, warum er entlassen wurde. Den Grund möchte ich hier nicht wiedergeben. Die hohen Ansprüche, die er an mich stellte, hatte er offensichtlich an sich selbst nicht als Maßstab angelegt.

Seine Entlassung war jedenfalls alles andere als ehrenhaft.

Preiskampf

Der Einkaufsleiter einer Kölner Klinik, die ich seit Jahren mit Wildbret belieferte, rief an. „Was kostet diese Woche Wildragout bei ihnen?" Ich sagte ihm, dass sich der Preis gegenüber den Vormonaten nicht geändert hätte. „Ich habe ein Angebot vorliegen, das 1,20 Euro unter Ihrem Preis liegt. Können sie da mithalten, oder wie weit können sie mir preislich entgegenkommen?"

Ich erklärte, dass ich den bisherigen Preis haben müsse, dass es da leider keinen Spielraum mehr gäbe. Ich hätte allerdings Verständnis dafür, wenn er das günstigere Angebot annähme.

In Krankenhäusern muss mit spitzem Bleistift gerechnet werden. Allerdings hatte ich in der Vergangenheit schon mehrfach die Erfahrung gemacht, dass es bei den Köchen sehr oft bei einem Versuch des „Fremdgehens" blieb, dann hatten sie von den so preisgünstigen Sonderangeboten genug. Schließlich meinte der Einkäufer: „Ich wäre sehr enttäuscht von ihnen gewesen, wenn sie von ihrem Preis heruntergegangen wären. Dann hätte ich das Gefühl gehabt, dass ich in den vergangenen Jahren immer zu viel gezahlt hätte. Bringen sie mir morgen früh bitte achtzig Kilo Ragout, von welcher Wildart ist mir gleich, Qualität wie immer. Ich habe keine Lust auf Experimente!"

Ich bin mir sicher, dass ich diesen Kunden verloren hätte, wenn ich auf das Angebot der Konkurrenz eingegangen wäre.

Fühlinger See

Mitunter gibt es für einen Jäger Erlebnisse, die zwar nicht unmittelbar mit der Jagd zu tun haben, bei denen aber durch die Jagd erworbenes Gespür hilfreich sein kann.

Mein Sohn Bodo und ich fuhren an einem windigen Herbsttag zum Fühlinger See bei Dormagen zum Surfen. Als ich etwa achtzig Meter vom Ufer entfernt war, erfasste eine Windbö das Segel meines Bords und ich fiel kopfüber ins Wasser. Das wäre weiter nicht schlimm gewesen, hätte ich dabei nicht meine teure Gleitsichtbrille verloren. Die lag nun irgendwo auf dem Grund des Sees und war unwiederbringlich weg, das war klar.

Trotzdem versuchte ich, mir vom Wasser aus genau die Stelle zu merken, an der ich mich gerade befand, indem ich mir an verschiedenen Stellen an Ufer und Horizont markante Punkte merkte. Als ich das Gefühl hatte, alles gespeichert zu haben, um meine augenblickliche Position später wiederfinden zu können, schwamm ich ans Ufer. Wir packten unsere Sachen zusammen, und ich fuhr sehr vorsichtig nach Hause zurück. Ohne meine Sehhilfe bin ich in meiner optischen Wahrnehmung ziemlich eingeschränkt.

Was ich mit meinem Wissen, an welcher Stelle des Sees die Brille liegen musste, anfangen wollte, wusste ich zu diesem Zeitpunkt nicht. Ich dachte nur, dass es vielleicht von Vorteil sein könnte, wenigstens den genauen „Anschuss“ zu kennen.

In den nächsten Tagen beschäftigte mich die Sache wie eine schwierige Nachsuche, bei der man so gut wie keine Aussicht auf Erfolg hat.

Es vergingen einige Tage, dann rief ich bei verschiedenen Taucherclubs an. Schließlich landete ich bei der Feuerwehr, deren Männer am Fühlinger See ihre Tauchkünste lernten. Ich erzählte von meinem Missgeschick und sagte selbstbewusst: „Ich weiß genau, wo die Brille liegt. Können sie mir helfen?“ Es folgte eine längere Pause, dann meinte mein Gesprächspartner: „Sie haben vielleicht Vorstellungen. Wissen sie, wie tief der See ist und wie viel Schlick da unten liegt? Da kann man die Hand nicht vor den Augen sehen. Sie wollen mir doch nicht ernsthaft erzählen, dass sie auch nur ungefähr die Stelle wissen, wo ihre Brille liegt.“

Eigentlich wusste ich auch, der Mann hat Recht: Wat fot is, is fot. Trotzdem sagte ich:„Auf zehn Quadratmeter genau kann ich ihnen die Stelle zeigen!“ „Nehmen sie endlich Vernunft an und schreiben sie ihr gutes Stück ab“, meinte der Feuerwehrmann.

„Sie gehen doch ohnehin von Zeit zu Zeit tauchen, was hindert sie daran, an der Stelle zu tauchen, die ich ihnen zeige, oder schaffen sie es mit Ihrer Ausrüstung nicht bis auf den Grund?“ Ich glaubte, ihn mit dieser Äußerung an der Ehre packen zu können, meine vermutlich letzte Chance. Für eine erfolgreiche Suche bot ich ihm einen Kasten Bier und einen Hunderter. Schließlich willigte er ein. Vier Wochen später trafen wir uns in Begleitung meiner Frau an Ort und Stelle, der Feuerwehrmann mit Boot und Tauchgerät, ich mit einer kleinen Portion Hoffnung. Inzwischen war das Wasser saukalt geworden. Einige Zuschauer – auch Frauen – hatten sich eingefunden und beobachteten unser Treiben. Ich biss auf die Zähne – schließlich wollte ich nicht als Weichei gelten – und schwamm hinaus zu der Stelle, die ich mir gut eingeprägt hatte. Ein paar Mal musste ich mich korrigieren, weil nicht alle Koordinaten zusammenpassten, und sagte schließlich: „Hier!“ Der Taucher ließ sich in seinem schützenden Neoprenanzug, um den ich ihn sehr beneidete, hinterrücks ins Wasser gleiten. Er schien das schon einmal gemacht zu haben. Als er nach einigen Minuten wieder auftauchte, hielt er mir meine Brille entgegen, die er in etwa zehn Meter Tiefe bei seinem ersten Tauchgang gefunden hatte.

Es gab noch ein paar anerkennende Worte darüber, dass ich mir die „Absturzstelle“ meiner Brille so gut gemerkt hatte. Sie taten meinem Ego für diesen Tag sehr gut.

Ich bedankte mich und zahlte meine Schulden gerne. Das war mir die Sache wirklich wert. Meine Brille hatte die acht Wochen im Wasser schadlos überstanden.

Et hät noch immer jot jejange, war mein Fazit.

Ich denke, das ist ein gutes Beispiel dafür, dass man keine „Nachsuche“ vorschnell aufgeben sollte.

Daneben gelegen

Ein Jäger hatte nachts an der Kirrung einen von zwei Überläufern beschossen.

Am Anschuss fand ich weder Schnittborsten noch den Kugelriss. Nach 500 Metern Riemenarbeit ohne Bestätigung wurde eine Sau vor uns hoch und ich schnallte Hera. Sie hetzte kurz an, kam dann aber zurück. Sollte ich die Suche aufgeben? Ein ungutes Gefühl hielt mich davon ab, schließlich hatte die Hündin sehr interessiert gesucht. Bestimmt hatte ich irrtümlich an einer gesunden Sau geschnallt und die Krankfährte ging irgendwo weiter. Wir griffen zurück und Hera arbeitete die gleiche Fährte bis zu der Stelle, wo ich sie geschnallt hatte. Da lag dann die Sau verendet mit Weidwundschuss ohne Ausschuss, nur drei Meter neben dem Kessel der gesunden.

Zum Glück hatte ich mit meinem Bauchgefühl nicht danebengelegen.

Gefährliche Hetzen

Zusammen mit dem Berufsjäger Dirk Ullmann suchte ich bei Neuschnee einen Frischling mit einem Krellschuss nach. Unter einer umgefallenen Fichte machten wir ihn schließlich hoch und ich schnallte Baldo. Es dauerte einige Sekunden, bis der Hund von der Halsung und um die Fichte herum war. Die Sau bekam Vorsprung. Zügig gingen wir die Hetzfährte aus, was bei der Schneelage kein Problem war. Nach gut drei Kilometern kam uns der Rüde entgegen. Der Frischling war wohl nur leicht gekrellt und nicht zu bekommen.

Wir überlegten, ob wir die Hetzfährte interessehalber bis zu der Stelle ausgehen sollten, an der Baldo abgelassen hatte. Da es aber schon später Nachmittag war und es begann, dämmrig zu werden, kehrten wir um. Wir konnten uns auch so vorstellen, wie weit eine Fehlhetze gehen kann und mit welchen Gefahren sie für einen Hund verbunden ist. Baldo war jedenfalls über eine Stunde weg, und wir hatten schon drei Straßen überquert, bis wir ihn wiederhatten.

In der Regel hetzten meine Hunde nie besonders lange und weit, worüber ich sehr froh war. Stellte sich ein Stück nicht, waren sie längstens nach einer halben Stunde zurück. Sie wussten aus Erfahrung, dass eine Nachsuche nicht zu Ende war, wenn sie zurückkamen, sondern dass es nach einer Pause oder am nächsten Tag weiterging.

Ich habe dieses Verhalten mit Jagdverstand begründet und nicht mit mangelnder Hetzpassion. Es kommt natürlich immer auch auf die Verletzung des kranken Stückes an. Kilometerweite Hetzen auf einen laufkranken Überläufer oder ein Alttier deuten eher auf mangelnde Kondition des Hundes – evtl. durch Alter – oder zu geringe Wildschärfe, als auf besonders gutes Hetzverhalten hin.

Die Frage stellt sich: Hätte ein wildscharfer und fitter Hund das Stück nicht bereits nach ein paar hundert Metern gestellt? Mit den heutigen technischen Möglichkeiten – wenn man sie denn besitzt – ist es zum Glück wesentlich leichter geworden, seinen Hund zeitnah wiederzufinden. Diese Möglichkeiten dürfen aber auf keinen Fall zu Leichtsinn beim Schnallen verführen. Die Gefahren durch den Straßenverkehr bleiben unverändert hoch und nehmen immer weiter zu, zumindest in unserer Gegend. Zum Glück gibt es aber auch noch gebietsweise paradiesische Verhältnisse und der Hundeführer muss nicht gleich befürchten, dass sein Hund unter die Räder kommt.

Ist bei einer Nachsuche mit einer Hetze zu rechnen, sollte man eine Revierkarte zur Hand haben, um sich einen Überblick über nahe liegende Straßen und Verbindungen zu Waldgebieten zu verschaffen, die das verletzte Stück vermutlich annimmt. Auf gar keinen Fall kann man sich auf Aussagen eines Begleiters verlassen: „Hier kannst du bedenkenlos schnallen!“ Diese Einschätzung habe ich schon 100 Meter neben einer viel befahrenen Straße erhalten.

Kommt es zu einer Fehlhetze, so ist es wichtig, dass man seinen Hund möglichst schnell zurückbekommt. In aller Regel – bei sachgemäßer Einarbeitung – wird er zum Ausgangspunkt der Hetze zurückkehren. Daher ist es ratsam, dass während einer Hetze mit einem jungen Hund immer jemand da zurückbleibt, wo man geschnallt hat. Später, mit mehr Erfahrung, wird der Hund kein Problem haben, die Spur seines Herrn zu arbeiten und ihn zu finden, auch wenn der sich zu Fuß einige hundert Meter von diesem Punkt entfernt hat.

Kennt ein Hund sich im Nachsuchengelände aus, wird er nicht selten zum abgestellten Fahrzeug laufen. Es ist daher äußerst wichtig, dass dieses weit genug von der Straße abgestellt wird, und zwar immer auf der Seite, in dem die Nachsuche stattfindet. Das sollte einem schon ein paar hundert Meter Fußmarsch wert sein. Kommt es zu einer Fehlhetze und der Hund kommt zum Auto zurück, kann es für ihn lebenswichtig sein, keine Straße überqueren zu müssen. Es ist kein gutes Gefühl, sein Fahrzeug am Straßenrand zu wissen und zu befürchten, dass der Hund um den Wagen läuft und auf seinen Herrn wartet.

In den mehr als vier Jahrzehnten, in denen ich bisher nachgesucht habe, sind meine Hunde vielleicht zehn Mal nicht innerhalb von zwei Stunden nach einer Fehlhetze zurückgekommen und mussten gesucht werden, was immer mit erheblichem Aufwand und Stress verbunden war. Geholfen hat mir zum Teil die Telemetrie, obwohl diese nicht annähernd so ausgereift war wie heute.

Die Überlegung, was meine Hunde wohl unternehmen, hat mir stets am meisten geholfen, sie schnell wiederzufinden. Zuerst einmal war ich mir ziemlich sicher, dass sie nach mehr als zwei Stunden nicht mehr zum Ausgangspunkt der Hetze zurückkehren würden. Das wusste ich aus Erfahrung. Entweder stellten sie ein krankes Stück weit weg oder sie waren einige Kilometer entfernt auf der Suche nach mir und schlossen sich Menschen an. Da die Hunde meine Rufnummer an der Halsung trugen, war auch das eine Möglichkeit, sie zeitnah zurückzubekommen.

Hunde, die den Kontakt zu anderen Menschen gewöhnt sind, laufen häufig Wege, leider auch viel befahrene Straßen entlang, und suchen ihren Herrn. Es braucht eigentlich nicht erwähnt zu werden, dass dies mit erheblichem Risiko verbunden ist. Daher bin ich immer zuerst die befahrenen Straßen abgefahren, ohne auszusteigen, um nach einem Hund zu suchen, dann erst die Hauptwege im Revier in grober Richtung der vermuteten Hetze.

Mit Telemetrie hatte ich akustisch Empfang bis 900 Meter, je näher der Hund, desto lauter der Piepton. Hörte ich nichts mehr, war der Hund weiter weg und ich griff etwa einen Kilometer weit vor. Die Freude war stets groß, wenn ich nach mehrmaligem Vorgreifen endlich wieder Empfang hatte. Dann wurden schnell die mitsuchenden Jäger herbeitelefoniert und meist fanden wir den Hund bald wieder. Entweder hörten wir seinen Standlaut am Wild oder er kam völlig abgekämpft einen Weg entlang von einer Fehlhetze zurück.

Niemals sollte man seinen Hund – egal welcher Rasse – ohne Warnhalsung frei laufen oder gar hetzen lassen. Die Telefonnummer darauf muss gut lesbar sein, ohne dass man den Hund anfassen muss. Manche Hunde mögen das nicht und manche Menschen sind ängstlich bei fremden Hunden. Schließt der Hund sich einem Spaziergänger an – die meisten Hunde verhalten sich so, wenn sie nicht menschenscheu sind -, bekommt man meist sehr schnell Bescheid, wo er sich befindet.

Heutzutage hat ja nahezu jeder Bürger ein Handy am Ohr oder in der Tasche.

Zünftig totgetrunken

Ein Jagdgast hatte abends einen Rothirsch beschossen, diesen fanden wir am nächsten Morgen bei der Nachsuche. Aus Gründen der Diskretion sollten diese vagen Angaben genügen.

Nachts war es nicht sehr kalt. Ich sagte dem Schützen sowie zwei anderen an der Nachsuche beteiligten Personen, dass es höchste Zeit sei, den Hirsch durchzukühlen, wenn man ihn noch verwerten wolle. Die Herren sahen das offensichtlich nicht so eng, obwohl es inzwischen recht warm geworden war. Der Hirsch wurde zünftig auf Fichtenzweige gelegt und noch zünftiger totgetrunken, fotografiert und begutachtet, sicherlich auch geneidet, denn er war schon etwas Besseres.

Mittags lag er immer noch da. Er sah wirklich prächtig aus.

Verwerten konnte man ihn allerdings nicht mehr!

Unter Strom

Während einer Nachsuche im Regen war Hera mit dem Kopf an einen Elektrozaun geraten. Sie jaulte auf und flog regelrecht zurück, es hatte sie heftig erwischt.

Danach ging nichts mehr.

Die Suche musste mit einem anderen Hund fortgesetzt werden.

Hera hatte ihren Schmerz mit der Berührung des Drahtes in Verbindung gebracht.

Über ein halbes Jahr gab es Probleme, wenn die Fährte eines kranken Stückes unter einem Zaun oder Draht hindurchging. Sie verweigerte, wie mitunter ein Pferd vor einem Hindernis.

Interessant war, wie sie mit dieser Situation umging. Auf der einen Seite hatte sie Angst, andererseits mochte sie die Fährte nicht verlassen.

Da ich sehen wollte, wie sie sich verhielt, ließ ich ihr die freie Entscheidung und hob sie nicht etwa einfach über das Hindernis.

Hera suchte in geringem Abstand an dem Draht entlang, bis sie einen Durchlass oder ein Tor fand. Entfernte sie sich zu weit von „ihrer" Fährte – etwa 80 Meter – ohne dass sie auf die andere Seite gelangt war, drehte sie um und versuchte es in die andere Richtung. Fand sie eine Lücke, suchte sie sich ihre Fährte wieder und arbeitete diese weiter.

Nach einigen Desensibilisierungsübungen, bei denen ich vor ihr herkroch, baute sie ihre Ängste aber wieder ab.

Drähte und Zäune waren nun keine Hindernisse mehr für sie.

Wirklich reizend

Im Forstamt Kottenforst musste ich sonntags im Forsthaus Venne bei Förster Willi Josef Wild einige Stücke Schwarz- und Damwild abholen. Noch etwa fünf Kilometer war ich von meinem Ziel entfernt. Vor mir ging mitten auf einem befestigten Weg und schon im Revier ein Mann mittleren Alters. Als ich bis auf zehn Meter heran war, bemerkte er mich, denn er drehte sich um und schüttelte den Kopf. Er war wohl nicht damit einverstanden, dass ich seinen Waldfrieden störte. Anstalten, mich vorbei zu lassen, machte er nicht, er blieb mitten auf dem Weg. Ich wollte mich nicht provozieren lassen und fuhr in kurzem Abstand hinter ihm her, sicher eine viertel Stunde.

Es war ein sonniger Tag, ich hatte Zeit.

Er hatte sicher bemerkt, dass ich mich nicht reizen ließ, denn er ging in einen Seitenweg und ließ mich vorbei. Ich winkte ihm freundlich zu und wünschte einen schönen Tag.

Ein paar hundert Meter weiter ging ein jüngeres Pärchen Hand in Hand. Es machte den Weg frei, im Rückspiegel sah ich aber, dass der Mann sich mit dem Zeigefinger an die Stirn tippte und auch den Kopf schüttelte. Was war nur los heute?

Ich setzte zurück, stieg aus und fragte freundlich, ob er ein Problem mit mir hätte? „Wissen sie denn nicht, dass man hier im Wald nicht Auto fahren darf?“ war seine erboste Antwort. Ich erklärte ihm, dass ich nicht nur fahren dürfe, sondern sogar müsse und dies an so einem schönen Sonntag, an dem er Zeit hätte, mit seiner Sekretärin durch den Wald zu spazieren. Er klärte mich auf, dass es sich um seine Ehefrau handele.

Ich gratulierte ihm zu seiner guten Wahl und bot ihm an, er möge für mich das Wild holen und ich ginge derweil mit seiner Frau spazieren, sie war nämlich recht ansehnlich. Die Beiden lachten und ihr Ärger über meine Autofahrt war verflogen.

Eine Zeit lang haben wir noch zusammengestanden und uns über Wildrezepte unterhalten. Eigentlich war es ein recht nettes, reizendes Pärchen.

Ich hatte das gute Gefühl, erfolgreiche Öffentlichkeitsarbeit geleistet zu haben.

Wespen

Mit Hera suchte ich eine Sau mit Krellschuss. Nach langer Riemenarbeit kamen wir an die Sau. Ich schnallte, und ab ging die laute Hatz. Bald hörten meine Begleiter und ich nichts mehr, Hera kam aber auch nicht zurück.

Mittels Telemetrie fanden wir sie zum Glück eine halbe Stunde später. Sie lag wie tot mitten auf einem Weg, war aber ansprechbar. Sie konnte sich kaum bewegen und hatte blasse Schleimhäute. Sofort fuhren wir mit ihr zu einem Tierarzt. Zu allem Überfluss hatte sie starken Durchfall bekommen und mir den Wagen ziemlich versaut. Nach umfangreicher Behandlung erwachte sie wieder zum Leben.

Was war passiert? Hera war bei der Hetze, vermutlich beim Stellen, an ein Wespennest geraten und so zerstochen worden, dass sie kollabierte. Nach einigen Tierarztbesuchen und ein paar Tagen Ruhe war sie wieder fit.

Die Nachsuche wurde am nächsten Tag von einem anderen Gespann fortgesetzt. Leider konnten sie die Sau – wie häufig bei leichten Krellschüssen – nicht zur Strecke bringen.

Wie beim Skat – Hose runter

Mit Maud hatte ich eine Sau nachgesucht und gefunden. Es war Winter und bitterkalt.

Der zuständige Forstbeamte – es war der, dem wir den Hirsch ins Bett gelegt hatten – und ich zogen sie zum Wagen und legten sie in den Kofferraum.

Zwei Spaziergänger, Mann und Frau, kamen vorbei. Die Frau interessierte sich für unsere Beute und beugte sich über den Kofferraum. Maud gefiel das gar nicht, es war doch ihre Sau. Sie sprang die Frau an und biss sie ins Gesäß. Ohne mit der Wimper zu zucken, zog diese ihre Hose bis auf die Knie herunter. Dasselbe machte sie mit zwei langen Unterhosen, offensichtlich Selbstgestrickten. Die Dame stand mit blankem Po da und begutachtete ihren Schaden, drei Hosen mit Löchern, am Po blaue Flecken und einige Abdrücke von Mauds Zahnformel. Verschämt sah ich hin, denn sie war recht ansehnlich! Normalerweise hätte ich in einer solchen Lage selbstverständlich diskret weggesehen, aber ich fühlte mich auch meiner Jagdhaftpflichtversicherung gegenüber verpflichtet, den Schaden einmal genauer anzusehen. Sonst hätten sie ja alles Mögliche geltend machen können.

Meine Versicherung bezahlte die drei Hosen anstandslos.

Die beiden Spaziergänger waren Serben, sehr verständnisvoll und machten weder mir noch meinem Hund einen Vorwurf. Sie kamen von sich aus dahinter, dass es nicht sonderlich klug war, ohne zu fragen in den Kofferraum zu sehen, wenn ein Hund daneben sitzt und auf seine Beute aufpasst.

Kleine Brötchen

Nahe Roermond an der holländischen Grenze hatte ich mit Bessie eine Sau nachgesucht. Unsere Wagen hatten der Schütze und ich im tiefsten Busch abgestellt, weit ab jeder Bebauung und jeden Publikumverkehrs.

Als wir nach getaner Arbeit zu unseren Autos zurückkamen, erwarteten uns zwei Polizisten. Von einem Hubschrauber aus hatte man unsere Fahrzeuge entdeckt und für verdächtig gehalten. Sie verlangten nach unseren Personalausweisen und wollten wissen, was wir machten.

Ich erklärte den Beamten, dass wir von einer Nachsuche kämen und wirklich ganz liebe, harmlose Menschen wären.

Einer der Beamten hielt mir einen Revolver hin und fragte: „Kennen sie den?“ Mir fuhr ein gehöriger Schreck durch die Glieder. Das war mein Revolver. In der Eile hatte ich vergessen, mein Auto abzuschließen, und der Polizist hatte den Revolver unter dem Fahrersitz gefunden.

„Und was machen wir jetzt mit ihnen?“, fragte er. Ich zeigte ihm Jagdschein und Waffenbesitzkarte, buk sehr kleine Brötchen und hielt ihm beide Arme hin. „Festnehmen und wegsperren“, sagte ich.

Damit hatte ich wohl den richtigen Ton getroffen.

Die Polizisten sahen sich an und gaben mir ein paar gute Ratschläge mit auf den Weg.

Hoch und heilig versprach ich Besserung.

Zum Glück ließen sie mich laufen.

Ziemlich blind

In einem größeren Gatterrevier suchte ich mit Bessi einen Überläufer mit Weidwundschuss nach. Ab und zu hatten wir Schweißbestätigung.

Die Fährte führte nach etwa 500 Metern einen steilen Hang hinauf. Auf der Höhe befand sich eine große Fichtendickung, die nach Auskunft des zuständigen Berufsjägers Reinhard Schneider voller Sauen stecken sollte. „Hoffentlich ist die da nicht hinein, sonst bekommen wir ernsthafte Probleme“, war seine Befürchtung. Die Fährte führte genau auf die Dickung zu. Nur noch 30 Meter und wir wären in den Fichten. Wir hatten nochmals Schweißbestätigung, doch dann suchte die Hündin auf einmal genau auf der Hinfährte zurück den Hang wieder hinunter, und nach 50 Metern lag die Sau verendet. Gewiss wollte sie in ihre Dickung, hatte aber die letzten Meter des steilen Anstiegs nicht mehr geschafft. Keine zwei Meter war ich an der Sau vorbeigegangen. Da sie sich gut gedeckt eingeschoben hatte, bemerkte ich sie nicht.

Gewundert hat mich allerdings, dass die Hündin sie nicht in die Nase bekam. Bessie war wohl zu sehr auf ihre Fährte konzentriert.

Ein anderes Mal hatten wir uns zu drei Mann wohl eine viertel Stunde mit dem Anschuss beschäftigt und diskutiert, welchen Schuss die Sau wohl haben könnte. Sie lag bestens getarnt drei Meter neben uns. Wir hatten sie nicht gesehen.

Mal angenommen

Nach langer, schwieriger Riemenarbeit wurde ich von einem Überläuferkeiler mit einem Laufschuss angenommen. Er ließ uns regelrecht auflaufen. Zuerst bekam Bessie – noch an der Schweißleine – einen Schlag auf die Keule, dann ich einen Hieb ans Bein. Alles ging blitzschnell, bevor ich überhaupt reagieren konnte. Ich schnallte die Hündin, und die Hetze ging in die Weinberge des Rheins. Es war ein wunderschöner, sonniger Tag, der zahlreiche Spaziergänger hierher gelockt hatte. Der zuständige Förster Bernd Sommerhäuser hatte mehrere Vorstehschützen an den bekannten Wechseln vorgestellt.

Die Hatz ging hin und her, zwischen den Menschen hindurch, für diese sicherlich ein spannendes und nicht alltägliches Erlebnis. Sie konnten mit ansehen, wie die Hündin die Sau durch die Weinberge hetzte, manchmal wurde sie allerdings auch von der Sau verfolgt.

Dann knallte es wie im Krieg.

Nach einem Dutzend Fehlschüssen erhielt die Sau endlich von einem der Vorstehschützen den erlösenden Fangschuss.

Wir fuhren zu einem Tierarzt, der die Wunde an Bessies Keule behandelte und nähte. Sie hatte aber Glück und war bald wieder einsatzfähig.

Einmal wurde ich von einem starken Keiler angenommen. Er wog über 150 kg aufgebrochen und war aus dem Ausland mit einigen Artgenossen anlässlich einer Jagd zur Pflege von Geschäftsbeziehungen des Jagdpächters nach Saudi-Arabien eingeführt worden.

Der Keiler hatte einen Laufschuss, Maud und Gamsi hetzten ihn.

Auf etwa 80 Meter kam er mir über eine Grasfläche, die an eine Savanne erinnerte, dicht verfolgt von beiden Hunden. Um zu verhindern, dass er eine nahe Dickung annahm, die voller Sauen stecken sollte, schoss ich vor ihm in die Erde. Der Keiler reagierte augenblicklich. Er warf sich um 90 Grad herum und kam schnell auf mich zu, links und rechts eskortiert von den Hunden. Es gab keinen Zweifel, der nahm an. Sicher stand ich ihm nicht nur zufällig im Weg. Wären die Hunde nicht auf Tuchfühlung an der Sau gewesen, hätte ich sie sicher beschossen, als sie bis auf 20 Meter heran war, aber ich traute mich nicht. Bis auf drei Meter ließ ich sie kommen und auf den Fangschuss hin krachte sie mir direkt vor die Füße. Meinen Hunden war zum Glück nichts passiert. Ich kann nicht leugnen, dass mir hinterher die Knie zitterten.

Es ist mir ein Rätsel, woher der Keiler wusste, wo sein „Feind" stand? Vermutlich hat er Wind von mir bekommen und sein „Radarsystem" war in bester Ordnung.

Einen ähnlichen Fall erlebte ich mit einem Überläuferkeiler mit einem Gebrechschuss. Maud und Gamsi stellten ihn in einem Gegenhang, etwa 80 Meter von mir entfernt. Irgendwie ging die Sache nicht weiter. Eine Möglichkeit, nahe genug für einen sicheren Fangschuss heranzukommen, sah ich nicht. Ich hätte doch sehr durch die „Braken" klettern müssen. Das hätte die Sau bestimmt mitbekommen. Dem Eindruck nach konnte sie den Hunden nicht mehr auskommen.

Ich schoss in ihre Nähe in den Boden und hoffte, sie würde sich den Hunden erneut an einem günstigeren Ort für einen Fangschuss stellen. Auf den Schuss hin kam sie flüchtig direkt auf mich zu, gefolgt von den Hunden. Zwischen meinen Beinen schoss ich sie tot. Försterfreund Horst Winter, der unmittelbar neben mir stand und die ganze Aktion beobachtet hatte, rief: „Bravo!"

Auch hier bin ich überzeugt, dass ich der Sau nicht zufällig im Weg stand, sondern dass sie bewusst annahm. Bei so viel Platz im Wald ist ein Zufall eher unwahrscheinlich.

Man wird bei Nachsuchen auf Schwarzwild nie ganz verhindern können, dass man auch einmal auf Tuchfühlung mit einer Sau gerät. Lässt es sich bei einem stärkeren Stück durch besonnenes, umsichtiges Verhalten vermeiden, dient dies mitunter sehr dem körperlichen Wohlbefinden.

Auf einer Bewegungsjagd war eine stärkere Bache beschossen worden. Sie hatte einen Laufschuss.

Die Fährte war zu Beginn der Suche erst drei Stunden alt. Schon nach 400 Metern Riemenarbeit wollte Hera geschnallt werden. Nach kurzer Hetze stellte sich die Sau. Bis auf 40 Meter waren mein Begleiter und ich heran, da merkten wir, dass die nicht gut auf uns zu sprechen war.

Sobald sie sich zu uns drehte, fasste die Hündin hinten zu und ich traute mich nicht zu schießen. „Pass auf, die kommt gleich!“, sagte ich zu meinem Begleiter, der sich hinter mich gestellt hatte, da nahm sie auch schon an. Vor meinen Füßen erhielt sie den Fangschuss.

Anders als bei den Sauen war es sicher bei einem angefahrenen Rothirsch im Forstamt Königsforst. Als er vor uns aus dem Wundbett hoch wurde, schnallte ich Bessie.

Zuerst entfernte sich die Hatz, doch dann kam sie plötzlich direkt auf mich zu. Zwischen Erlen hatte ich mich dummerweise auf den Wechsel des Hirsches gestellt. Hätte ich ihn vorbeigeschossen, als er auf mich zuflüchtete, wäre ich mit Sicherheit im Krankenhaus gelandet. Er stürzte mir nach dem Fangschuss auf den Stich direkt vor die Füße und erwischte mich mit dem Geweih noch am Bein.

Diesem Hirsch stand ich ganz gewiss nur zufällig im Wege.

Laufdoublette

Ein Jäger hatte abends in seinem Revier im Bergischen Land einen von zwei Überläufern beschossen. Beide Sauen flüchteten auf dem gleichen Wechsel in den Bestand.

Am nächsten Tag verriet der Anschuss, dass die beschossene Sau einen Laufschuss hatte.

Die Riemenarbeit mit der noch jungen Hera ging zügig voran und wir hatten regelmäßig Schweißbestätigung. Unerwartet gab es parallel zur gearbeiteten eine zweite Schweißfährte. Auch in dieser Fährte fand ich Knochensplitter.

Der Jäger hatte mit einem Schuss gleich zwei Sauen laufkrank geschossen, obwohl die zweite Sau angeblich etwas abseits der beschossenen gestanden hatte.

Einige hundert Meter weiter trennten sich die Fährten, jetzt wurde die Suche für die Hündin leichter. Vorher war sie zwischen beiden Fährten hin und her gependelt.

Nach längerer Riemenarbeit mit anschließender Hetze brachten wir die erste Sau zur Strecke.

Die zweite suchten wir noch bis zur Dunkelheit nach.

Als ich Hera nicht mehr guten Gewissens hätte schnallen können, brachen wir ab.

Wir versuchten es am nächsten Tag noch einmal, sind aber leider nicht mehr an die Sau herangekommen.

Ein aufmerksamer Beobachter

In Begleitung von Franz Bongartz suchten wir mit Hera einen Frischling mit Laufschuss.

Nach der für Laufschüsse üblichen Riemenarbeit kamen wir an die Sau und ich schnallte. Zuerst war Hetzlaut zu hören, endlich in einiger Entfernung Standlaut, dann nichts mehr. Zur Unterstützung und Beobachtung waren einige Jäger auf den umliegenden Hochsitzen postiert.

Inzwischen war sicher eine halbe Stunde vergangen, ohne dass wir noch etwas von Hund und Sau gehört oder gesehen hatten.

Franz Bongartz und ich kamen an einem Hochsitz vorbei, auf dem einer der Jäger saß. Wir lauschten ein paar Minuten, dann fragte ich ihn, ob er vielleicht etwas von Hera gesehen hätte. Seine Antwort: „Ja, die steht da hinten im Schlag und hält seit einer viertel Stunde die Sau fest!“ Er war ganz fasziniert. Das hätte er uns aber auch früher sagen können. Wenigstens wussten wir jetzt, warum Hera weder Hetz- noch Standlaut gegeben hatte: Mit dem Wurf eines Frischlings im Fang „spricht“ es sich halt nicht so gut.

Ich ließ mich von dem Jäger auf dem Hochsitz einweisen und schlug mich durch die Büsche zu der beschriebenen Stelle. Als die Sau mich bemerkte, mobilisierte sie ihre letzten Kräfte und konnte sich von der Hündin befreien. Hera war fix und fertig.

Nach einer längeren Erholungspause suchten wir den Frischling bis zum Dunkelwerden weiter nach, kamen aber nicht mehr heran.

Ein Superschuss

Einmal verhalf ein Superschuss zum glücklichen Ende einer Nachsuche. Die Rede ist hier nicht von einem besonders attraktiven Mädchen, sondern dem Meisterschuss eines jüngeren Jägers.

Die Sauen gingen im Mais zu Schaden. Man hatte ein paar Jäger zusammengetrommelt und rundherum abgestellt. Mit einigen Treibern und ihren Hunden wurde durchgedrückt.

Einem der vorstehenden Schützen kam eine Bache mit ihrem Nachwuchs. Der Jäger gab an, einen der Frischlinge beschossen zu haben. Da er nicht lag und der Schütze am Anschuss Schweiß fand, wurde eine Nachsuche erforderlich. Die Sauen waren noch einige Zeit von einem Hund gehetzt worden, der dann aber irgendwann abgelassen hatte.

Am nächsten Tag kam es zu einer langen Riemenarbeit. Der befreundete Berufsjäger Dirk Ullmann begleitete mich. Wir vermuteten, dass der Jäger die Bache getroffen hatte, da wir in ihrer Fährte ab und zu Schweiß fanden. Die Suche führte über eine Wiese, an der ein Vorstehschütze stand. „Da seid ihr aber falsch, da sind vor ein paar Minuten zwei Rehe rüber", sagte er. Wir waren aber nicht falsch, denn am Ende der Wiese hatten wir wieder Schweißbestätigung, fanden danach allerdings nichts mehr. Nur die Fährte einer stärkeren Sau konnte man ab und zu erahnen.

Gegen Nachmittag kamen wir in sehr dichten Bewuchs, und wir vermuteten, dass die Rotte hier stecken würde. Der Berufsjäger, der Schütze und ein weiterer Begleiter umstellten die Dickung, ich suchte mit Hera weiter. Plötzlich zog die Hündin den Kopf aus der lockeren Halsung und ab ging die laute Hatz.

So schnell es ging kämpfte ich mich ins Freie. Eine stärkere Sau flüchtete aus der Dickung, wurde beschossen, aber gefehlt. Die Hetze ging hin und her, dann kam ein Frischling auf 70 Meter flüchtig aus der Dickung den steilen Hang hinunter, gefolgt von Hera. Mein Nachbar hob seine Waffe, fuhr mit, schoss und traf „auf die Zehn“. Der Wutz ging wie ein Hase über Kopf. Ein Meisterschuss zwischen all den Bäumen! Zum Glück kam die Bache nicht zur Strecke. Der erlegte Frischling war tatsächlich das kranke Stück. Er hatte einen glatten Durchschuss am Träger, wo keine Dornfortsätze sind. Die Verletzung sah nicht schlimm aus. Ich glaube nicht, dass wir ihn ohne den hervorragenden Sonntagsschuss bekommen hätten.

Bei dieser Nachsuche hatte einfach alles gepasst. Dem Schützen musste ich Abbitte leisten, ihn hatte ich zu Unrecht verdächtigt, die Bache krankgeschossen zu haben.

Dieser Verdacht war aufgekommen, weil wir nur ab und zu die Eingriffe der Bache sehen konnten, nicht aber die des kranken Frischlings von unter 20 kg Gewicht.

Immer dasselbe

Nach einer Bewegungsjagd standen für den folgenden Tag sieben konkrete Nachsuchen mit Schweißbestätigung und einige Kontrollsuchen an. Franz Bongartz und ich suchten den ganzen Tag nach, dann stand fest: Es handelte sich um ein und dasselbe Stück, das nahezu an jedem dritten Hochsitz vorbei gekommen war und drei leichte Streifschüsse aufwies. Die anderen Schüsse waren vorbei. Da die Jäger aber alle Schweiß an ihren Anschüssen gefunden hatten, nahmen sie an, getroffen zu haben. Unsere Nachsuche endete schließlich da, wo ein Stück geschossen wurde. Es stellte sich heraus, dass die Sau auf der Strecke lag. Bei der Nachsuche hätten wir sie kaum bekommen können.

Verhitzt

Im Bundesforst wurde abends eine stärkere Sau angefahren. Es war Winter und nachts unter zehn Grad minus. Die Nachsuche am nächsten Morgen war kurz. Der Keiler von 90 kg Gewicht war bei seiner Flucht zwischen zwei Bäume geraten und so eingeklemmt, dass er sich nicht mehr befreien konnte. Er stand aufrecht und beinahe hätte ich ihn beschossen. Es sah aus, als lebte er noch.

Förster Jupp Feld und ich hatten einige Mühe, ihn aus dieser Lage zu befreien.

Der Keiler war trotz oder besser gesagt wegen des starken Frostes verhitzt und nicht mehr zu verwerten.

Er war unter der Schwarte über Nacht so schnell gefroren, dass er nicht mehr auskühlen konnte.

Meistens sind auch Stücke, die unter erheblichem Stress gestanden haben, nicht oder allenfalls nur teilweise zu verwerten. Von minderer Qualität sind sie allemal. Dabei ist es unbedeutend, ob diese Stücke bereits verendet oder angeschweißt waren und noch einen Fangschuss erhielten. Je länger ein beschossenes oder verletztes Tier noch lebt, bevor es entweder durch die Verletzung selbst oder einen Fangschuss verendet, umso bedenklicher ist es, sein Wildbret zu verwerten. Ein Stück, das nach einem Verkehrsunfall noch stundenlang lebend im Straßengraben gelegen hat, ist so ein Beispiel. Nach den geltenden neuen Bestimmungen dürfen solche Stücke ja ohnehin nicht mehr in den Handel gebracht werden. Das ist auch gut so. Bei einem überfahrenen Stück, das sofort verendet ist und unmittelbar danach aufgebrochen und versorgt werden kann, habe ich allerdings für ein Verwertungsverbot wenig Verständnis. Als Argument wird die fehlende Lebendbeschau angeführt. Sollte ein Jäger eine Sau überfahren, so müsste dieses Argument ja ohnehin wegfallen. Er hat das Stück sicher genau so gut in seiner gesundheitlichen Verfassung beurteilen können, wie ihm dies möglich ist, wenn er es nachts an einer Kirrung oder flüchtig auf einer Drückjagd schießt.

Länger von einem Hund gehetztes Wild ist ebenfalls von minderer Wildbretqualität. Besonders leicht verderblich ist das Wildbret von Brunfthirschen. Hat ein Hirsch noch einen Fangschuss – zum Beispiel auf den Träger – bekommen, so ist dieser in aller Regel „sauer" und nicht mehr zu verwerten. Meine Hunde fraßen solches Fleisch nicht, obwohl sie keinerlei Abneigung gegen vergammelte, im Garten verbuddelte Vorräte zeigten.

Pflaumensahnetorte

Oma Ückel feierte ihren 70ten Geburtstag. Ihre Tochter Josy, bekannt für die Herstellung feinster Torten, hatte eine Pflaumen- Sahnetorte in den Hausflur gestellt, wahrscheinlich aus Platzmangel für weitere Leckereien in der Küche. Meine Frau und ich waren zu dem feierlichen Anlass bei der befreundeten Familie Zehnpfennig, die eine Etage unter uns wohnte, eingeladen.

Ich weiß nicht, auf welchem Wege unsere Brandlbracke „Gamsi" in den Hausflur geraten und den leckeren Kuchen entdeckt hatte.

„Gamsi" mochte gerne Sahne, und so hatte sie diese sauber bis auf die Pflaumen herunter abgeleckt. Der übrige Kuchen war heil geblieben. Da auf die Schnelle kein Ersatz zu beschaffen war, wurden noch rasch einige Korrekturen vorgenommen, der Kuchen bekam eine neue Sahneschicht und einen neuen Namen: „Gamsikuchen!"

Die anwesenden Gäste fanden den Kuchen wie immer vorzüglich.

Was tun?

Ein Sonntag im Hochsommer.

Ein befreundeter Schweißhundführer rief mittags an. „Ich muss mal mit dir reden!“ Er berichtete: Ein Jäger hatte morgens beobachtet, wie sich eine Rotte Sauen in eine nicht allzu große Dornenpartie eingeschoben hatte. Er sah es wegen der Wiesenschäden, der Jagdkasse und sicher noch anderer Gründe als gerechtfertigt an, eine kleine Drückjagd zu organisieren. So rief er einige Jagdfreunde an, schilderte die Lage und die guten Chancen auf Beute und alle, alle kamen.

Sonntag ist ein guter Tag für ein Drückerchen, dachten wohl die Jäger, da hat man frei. Die Dornen wurden umstellt, die Sauen waren schnell gefunden und noch schneller beschossen.

Es gab eine Nachsuche und an deren Ende lag eine dicke Bache mit prallem Gesäuge.

„Was soll ich machen, das ist doch eine riesige Sauerei. Kannst du mir einen Tipp geben?“ Seine Empörung konnte ich gut nachvollziehen. Ich versuchte, ihn erst mal zu beruhigen, was gar nicht so leicht war. „Wir werden uns immer mal wieder bei den Nachsuchen mit Dingen auseinandersetzen müssen, die uns gewaltig gegen den Strich gehen. Was sollen wir machen?“

„Gib mir ein bisschen Bedenkzeit, ich rufe dich gleich zurück!“

Mein Plan war: Ich wollte mir einmal die Meinung eines Jägers einholen, für den dieser Fall von Rechts wegen, Kraft seines Amtes und beruflich von Interesse sein müsste. Wir kannten uns von einigen Nachsuchen und duzten uns.

Ich rief an und sagte: „Ich brauch´ mal deinen Rat!“ Nachdem ich erzählt hatte, um was es ging, kam die Antwort, mit der ich nie gerechnet hätte: „Da war ich bei!“ Die Angelegenheit war mir sehr peinlich. Als neutraler und unbefangener Ratgeber fiel er jedenfalls aus. Er gab mir aber mit auf den Weg: „Überleg´ mal, ihr wollt doch weiter nachsuchen oder etwa nicht? “Damit war die Entscheidung gefallen. Ich rief meinen Schweißhundführerkollegen an, schilderte mein Gespräch und riet ihm:

„Nimm einen Besen und kehr die Angelegenheit unter deinen großen Teppich zu den anderen Sachen!“

Vergesslich

Den ganzen Tag hatte ich nachgesucht und stand unter der Dusche, als das Telefon klingelte. „Wo bleibst du? Wir warten alle auf dich“, sagte Jupp Feld am anderen Ende der Leitung. Ach du lieber Gott. Über die Nachsuche hatte ich ganz vergessen, dass ich in Altenrath einen Vortrag über Nachsuchen halten sollte.

Zu jener Zeit lebte ich noch in dem Glauben, solche Termine im Kopf behalten zu können und nicht aufschreiben zu müssen.

So schnell es ging, fuhr ich zum Birkenhof, entschuldigte mich höflich und bat die anwesenden Jäger eindringlich, sie mögen doch immer pünktlich zu einer Nachsuche erscheinen, womit ich die Lacher natürlich auf meiner Seite hatte.

Richtiges Verhalten rund um Schuss und Nachsuche kam aber auch noch zur Sprache.

Nach meiner Erfahrung fallen gut gemeinte Ratschläge nicht bei jedem auf fruchtbaren Boden, man merkt das bei der nächsten anstehenden Nachsuche. Für manchen Jäger scheint es schwierig bis unmöglich zu sein, ein einmal angeeignetes Verhalten zu ändern. Im Allgemeinen verhält sich der Großteil der grünen Gilde in punkto Nachsuchen aber vorbildlich.

Messerscharf beobachtet

Nachts rief ein mir unbekannter Jäger an. Er bat um eine Nachsuche auf einen Überläufer, den er vor drei Stunden beschossen hätte.

Am nächsten Morgen erklärte er mir am Anschuss, dass er nicht nachgesucht hätte, um ja nichts falsch zu machen. Über diese Aussage wunderte ich mich, denn ich hatte ihn gar nicht danach gefragt. Da er einen Teckel im Wagen hatte und nach eigener Aussage erst drei Stunden nach dem Schuss angerufen hatte, glaubte ich ihm nicht. Gewissheit, dass ich mit meiner Vermutung richtig lag, gab mir Arko, der am Anschuss das Bein hob und nässte. Das machte er immer, wenn vorher ein anderer Hund am Anschuss war. Es war mir aber auch egal, ob der Schütze bereits nachgesucht hatte oder nicht. Nach etwa 300 Metern fand ich ein recht teures Jagdmesser, und es sah nicht so aus, als hätte es lange im Wald gelegen.

Wir fanden die Sau mit Weidwundschuss, und ich fragte den Schützen, dem sich noch zwei Jagdkameraden angeschlossen hatten, ob ich die rote Arbeit übernehmen sollte. Obwohl er nicht mehr der Jüngste war, wollte er selber aufbrechen. Er kramte nach seinem Jagdmesser, da er es aber nicht fand, erklärte er mir, er hätte es wohl zu Hause liegengelassen. „Hier, nehmen sie meins!“, bot ich an und hielt ihm das gefundene Messer hin. Die drei sahen sich kurz an, dann nahm der Schütze das Messer und brach sehr umständlich auf. Man konnte auf die Idee kommen, dass er Zeit zum Nachdenken herausschinden wollte, wie er ohne Gesichtsverlust aus dieser Situation herauskommen könnte. Seine Verlegenheit war deutlich spürbar. Sicher wollte er nicht als Lügner dastehen, bestimmt aber auch sein gutes Messer nicht zurücklassen. Endlich war er mit der roten Arbeit fertig. Ich war gespannt, wie er jetzt reagieren würde. Er reichte mir das Messer, und ich hatte den Eindruck, als nähme er mit einem letzten Blick Abschied von seinem edlen Stück.

„Kann es sein, dass jemand das Messer bei einer früheren Nachsuche verloren hat? Ich habe es eben in der Dickung gefunden“, sagte ich. Der Schütze ließ sich das Messer noch einmal geben und betrachtete es sehr genau. „So ein Messer vermisse ich schon länger, so eins hatte ich mal“, sagte er. „Na prima, dann haben sie es jetzt ja wieder!“ Er war sichtlich erleichtert.

Ob er wirklich so naiv war und glaubte, er sei elegant aus dieser Nummer herausgekommen, weiß ich nicht.

Wildkatzen

Bei einem Jagdfreund in der Eifel hatte ich morgens eine Wildkatze beobachtet, die auf einer Wiese mauste.

Für den Abendansitz wollte ich mir noch einen anderen Hochsitz ansehen und stieg die Leiter hinauf. Oben angekommen, sprang mir eine Katze dicht am Kopf vorbei in einem Satz nach unten. Vor Schreck wäre ich fast von der Leiter gefallen.

Unter der Hochsitzbank lagen drei kleine Wildkatzen, gut geschützt vor Wind und Wetter.

Auch wenn ich davon ausging, dass die Katze nach dieser Störung ihren Nachwuchs in Sicherheit bringen würde, war der Hochsitz für die nächste Zeit für mich absolut tabu.

Leider habe ich den Fehler begangen, mein Erlebnis dem Jagdaufseher zu erzählen. Wie er mir später einmal erzählte, hat er die kleinen Katzen noch am selben Tag von dem Hochsitz geholt und nach Hellenthal in den Tierpark gebracht. Hätte ich doch nur meinen Mund gehalten.

Bekränzt

Eine Begegnung mit einem Rothirsch ist mir besonders im Gedächtnis haften geblieben.

Ein Jagdgast des Bundesforstamtes sollte in der Brunft einen reifen Hirsch erlegen. Förster Jupp Feld und ich wollten bei der Suche nach einem passenden Hirsch behilflich sein. An einer ruhig gelegenen Wildwiese bestieg ich schon beizeiten den Hochsitz und genoss den wunderschönen, sonnigen Herbstnachmittag.

Am Rand der Wiese war ein breiter Farngürtel, der bis in einen Kiefernbestand reichte. Es war noch taghell, ich hatte noch nicht lange gesessen, da erschien zwischen den Kiefern ein starker, sehr alter Hirsch. Langsam zog er Richtung Wildwiese, durchquerte den Farn, schob ihn mit dem Geweih beiseite und bahnte sich so einen Weg. Als er ins Freie trat, hatte er einen Kranz von Farn um seinen mächtigen Träger. Es sah aus, als hätte ihn jemand sorgfältig geflochten. Hätte ich doch nur eine Kamera dabei gehabt. So geschmückt zog er bis mitten auf die Wiese, keine fünfzig Meter von mir entfernt. Er stand in der frühen Abendsonne, legte mehrmals das Geweih auf seinen Rücken und tat, als wolle er röhren, es war jedoch kein Ton zu hören. Vielleicht zehn Minuten verhoffte er nahezu auf ein und derselben Stelle, dann zog er langsam zurück, woher er gekommen war.

Der Anblick war faszinierend und ich erzählte Jupp Feld von meinem Erlebnis.

Am nächsten Morgen setzte sich der Jagdgast dort an und erlegte diesen Hirsch. Seinen „Lorbeerkranz“ hatte er allerdings nicht mehr um.

Obwohl er wirklich alt genug war, hat mir seine Erlegung leidgetan. Das Wildbret habe ich nicht gekauft und auch an keinen Feierlichkeiten anlässlich seiner Erlegung teilgenommen.

Ich wollte ihn lebend in Erinnerung behalten.

Irgendwann reicht es

Bei einem Jäger, der wegen seiner Jagdgepflogenheiten nicht den besten Ruf genoss, stand eine Nachsuche auf eine stärkere Sau an. Er war einer der wenigen, mit denen ich menschlich ein Problem hatte. Er machte keinen Hehl daraus, dass er aus einer Rotte grundsätzlich das stärkste Stück schoss. Sein Argument: „Mo muss och an de Jaachkass denke!"

Der Anschuss deutete auf einen tiefen Weidwundschuss hin.

Mit dem jungen, noch recht unerfahrenen Baldo begaben wir uns zum Anschuss. Das war doch genau die Nachsuche, die Baldo brauchte. Maud musste zunächst im Auto bleiben, was ihr gar nicht gefiel. Einige hundert Meter kamen wir mit Schweißbestätigung gut voran, dann gerieten wir in Verleitungen. Der Hund hatte Schwierigkeiten, die Fährte voranzubringen. Er suchte aber sehr interessiert, sicher würde es bald weitergehen. Nach einer Viertelstunde hatte Baldo den Abgang gefunden und seine Fährte wieder. Dem Schützen, der die ganze Zeit heftig keuchend versucht hatte, Anschluss zu halten, ging die Nachsuche trotz seiner Konditionsprobleme nicht schnell genug, denn er fuhr mich regelrecht an: „Herr Albert, nehmen se doch endlich dä aale Hunk, se wissen doch, ich han en Firma un nit ewig Zik. Bei mir stonn de Lück erüm!" Wir hatten uns aber erst um zehn Uhr verabredet, da waren doch seine Leute längst unterwegs zu ihren Baustellen.

Ich ging zum Auto zurück, wechselte die Hunde und schwor Rache. Dem Tütenüggel zeijs de et, su jet mät mo nit, dachte ich!

Maud fand die Bache von 70 kg Gewicht schließlich an einer Stelle, wie ich sie mir sehnlich gewünscht hatte, in tiefstem Busch weit ab von einem Weg in einem Graben. Die Bergung würde gewiss große Freude bereiten. Normalerweise hätte ich die Sau aufgebrochen und selbstverständlich geholfen, sie an die nächstgelegenen Stelle zu ziehen, die er mit seinem Wagen erreichen konnte und geholfen, sie einzuladen.

Die Verwunderung des Schützen war groß, als ich ihm erklärte, dass ich schnell nach Hause müsste, da mein Kühlraum voll Wild hing. Das war wirklich so. Ich gab ihm noch die Telefonnummern von drei anderen Schweißhundführern mit der Bitte, zuerst diese anzurufen, wenn wieder eine Nachsuche anstünde.

Ich verabschiedete mich und ließ ihn mit seiner Sau alleine.

Wie er sie nach Hause bekommen hat, weiß ich nicht, es war mir aber auch egal. Die unerfreulichen Dinge hatten sich zu sehr gehäuft, das Maß war einfach voll.

Er hatte wohl begriffen, denn er hat sich nicht mehr bei mir gemeldet, allerdings auch nicht bei anderen Schweißhundführern.

Im Nachhinein denke ich, dass meine Reaktion falsch war und dass wir auch mit solchen Jägern leben müssen. Zum Glück sind sie eine seltene Ausnahme.

Nichts geht mehr

Franz Bongartz rief an und bat um Kontrolle einer Nachsuche. Wir standen in ständigem Kontakt miteinander und halfen uns, wenn wir nicht sicher waren, dass eine Suche wirklich ausgereizt war.

Der beschossene Frischling hatte einwandfrei einen Laufschuss. Am Anschuss lagen Knochensplitter und Wildbret. Bongartz' sehr erfahrene Hannoversche Schweißhündin Cilly hatte aber nach 200 Metern kein Interesse mehr an der Fährte. Das wollte er aber so nicht bewenden lassen und so trafen wir uns zwei Stunden später am Anschuss.

Meine Hannoversche Schweißhündin Maud, die ebenfalls im besten Nachsuchenalter war, zeigte das gleiche Verhalten wie die Hündin von F.B., sie suchte ebenfalls nur bis zu der Stelle, wo Cilly aufgehört hatte. Bis hier hatten wir auch noch Schweißbestätigung. Sie machte allerdings keinerlei Anstalten, die Fährte voranzubringen. Dieses Verhalten kannte ich bei leichtkranken Stücken. Diese Sau hatte aber einen Laufschuss, der nicht als leichtkrank einzuordnen war. Dazu muss man wissen, dass die Fährte als Übernachtfährte weder sehr alt war noch die herrschende Witterung der Grund sein konnte, warum zwei erfahrene Hunde diese Fährte nicht arbeiteten. Gewiss hatte auch keine Herde Rindviecher oder sonstige außergewöhnlichen Verleitungen die Suche erschwert.

Wir wollten es wissen und baten einen weiteren Schweißhundführer, Klaus Kosidowsky, mit seinem erfahrenen Hannoverschen Schweißhund Kastor um Hilfe. Auch für seinen Hund war an besagter Stelle Schluss und wir gaben auf.

Warum nunmehr drei erfahrene Schweißhunde kein Interesse an dieser Fährte hatten, konnten wir uns nicht erklären. Es deutete jedenfalls nichts darauf hin, dass die Sau dort, wo die Suche nicht weiterging, verendet und vielleicht gestohlen war.

Immerhin war ich dreimal bei Nachsuchen an Stellen gekommen, wo die Sauen tot gelegen hatten. Aber sie waren weg, geklaut! Einmal endete die Fährte mitten auf einem Reitweg. Es war deutlich zu sehen, dass die Sau mit einem Weidwundschuss hier verendet war. Ein anderes Mal fanden wir das Stück auf einer Wiese mit angrenzender Bebauung. Der Jäger hatte die Sau nach erfolgreicher Nachsuche bereits aufgebrochen und war sicherlich dabei beobachtet worden. Wir holten unsere Wagen, und als wir wiederkamen, war seine Beute verschwunden. Beim dritten Mal hätte die Sau mit einem Leberschuss da liegen müssen, wo gerade zwei Männer 20 Meter weiter Kaminholz sägten. Jedenfalls war sie dort verendet.

Ich befragte die beiden, ob sie vielleicht ein totes Wildschwein gefunden hätten, aber sie verneinten. Man will ja niemand Unrecht tun, aber ich hatte da so meine Zweifel.

Ein sehr schwacher Keiler

Ein mir unbekannter Jäger rief an und berichtete, er hätte beim Morgenansitz eine einzelne Sau beschossen. „Das war bestimmt ein Keiler“, sagte er. „Können sie kommen und nachsuchen?“ Der Mann war sich sicher, gut abgekommen zu sein. Am Anschuss fand ich den Kugelriss und winzige Knochensplitter.

Hera arbeitete eine Fährte mit großem Interesse, Bestätigung für die Richtigkeit der Arbeit hatte ich nicht. Nach etlichen hundert Metern Riemenarbeit stand die Hündin plötzlich wie ein Pointer vor. Sie griff in einen Grasbüschel und hatte einen Frischling von Hasengröße mit tiefem Hinterlaufschuss gefasst.

Der Jäger hatte die „Keilerbache“ unterschossen und deren Frischling getroffen, den er im hohen Gras nicht gesehen hatte.

Multiple choice

Im Forstamt war zur Drückjagd eingeladen. Der Jagdleiter begrüßte die Jäger und klärte über sicherheitsrelevante Dinge auf „Jeder ist für seinen Schuss selbst verantwortlich!“ und erläuterte, was an Rot- und Rehwild sowie natürlich Füchsen freigegeben wurde. Bei den Sauen sollten nur Frischlinge geschossen werden: „Das sind die braunen Stücke bis Kniehöhe und schwache Überläufer bis höchstens vierzig Kilo!“ Bei der Beschreibung der erlaubten Größe drehte er sich zur Seite und hielt sich die flache Hand ans Knie. Auf gar keinen Fall sollten stärkere Stücke geschossen werden, es sei denn, einem Jäger käme ein wirklich reifer Keiler. Dessen Abschuss müsse allerdings extra bezahlt werden.

Die Jäger nahmen ihre Stände ein und bald erklang Hundegeläut und die ersten Schüsse fielen. Schließlich, nach vier Stunden, war „Hahn in Ruh“. Es wurde abgeblasen und die Jäger versammelten sich am vereinbarten Treffpunkt.

Als ich etwas später zu der versammelten Jägerschar trat und sie nach evtl. anfallenden Nachsuchen befragen wollte, war ein seltsames Gemurmel zu vernehmen.

Einer der Jäger deutete mit dem Kopf auf die Strecke. Da lagen neben einigen Rehen, Frischlingen und Überläufern zwei richtig dicke Bachen.

Jetzt kreuzen sie bitte an, wer ihrer Meinung nach die Bachen geschossen hatte:

a) Ein Jungjäger, der seinen ersten Jagdschein gelöst hatte?
b) Ein alter, erfahrener Jäger mit mehr als vierzig Jagdscheinen?
c) Der Jagdleiter?

Ihre Antwort ist: richtig!

Ausbildung

Man kann gar nicht zu früh damit anfangen, sich mit seinem jungen Hund intensiv zu beschäftigen und dafür zu sorgen, dass er mit allem, was er lernen soll, vertraut wird. Hat sich ein Welpe ein paar Tage eingelebt, kann man ihm kurze Futterschleppen legen, die mit zunehmendem Alter länger und schwieriger werden. Mit Nackenwind gelegt, gewöhnt er sich früh an den Gebrauch seiner Nase. So fördert man seinen Fährtenwillen.

Man kann Schweißfährten legen, später auch mit dem Fährtenschuh arbeiten, bald wird sich der Hund auch für Gesundfährten interessieren.

Dann kommt für den Hannoverschen Schweißhund die Zeit, ihn für die Vorprüfung fertig zu machen. Sicherlich wird die ein oder andere kurze Totsuche anfallen, die seine Jagdpassion fördert.

Nach hoffentlich bestandener Vorprüfung ist es wichtig, dass die richtigen Nachsuchen anfallen, die ihn langsam und zuverlässig aufbauen.

So wertvoll Erfolge sind, ein Hund lernt – wie Menschen – auch durch Misserfolge und Fehler, etwa, indem er zuerst auf eine Gesundfährte changiert, dann aber wieder seiner „richtigen“ Fährte gefolgt ist oder er erfolglos ein gesundes Stück gehetzt hat. Wertvoll ist es, wenn der Hund einen „Knoten“ selbst löst. Auf keinen Fall sollte man zu schnell helfend eingreifen.

Gebrech-, Lauf -, Krell- und Streifschüsse zu arbeiten ist in diesem Stadium keinesfalls hilfreich. Nachsuchen, die einen jungen Hund überfordern, sollten sich nicht häufen. Am besten, man vermeidet sie anfangs ganz.

Nicht immer ist aber im Vorfeld der Schwierigkeitsgrad einer Nachsuche abzuschätzen, schließlich will man ja mit seinem jungen Hund auch weiterkommen. Das geht nur durch Sammeln von Erfahrung, mit langsam schwieriger werdende Nachsuchen. Merkt man, dass er unkonzentriert oder zu heftig wird, hilft eine Pause, die der Hundeführer auch zum Nachdenken nutzen kann. Es ergibt keinen Sinn, seinen Hund aus eigener Ungeduld oder falschem Ehrgeiz zu überfordern.

Als Übung habe ich immer gerne bereits gefundene Stücke nachgearbeitet, sofern mir die Fährten geeignet schienen, wie beispielsweise bei Weidwundschüssen. Ich halte das für besser, als einen jungen Hund hinter einem anderen herzuführen. Merkt man, dass er selbstständig sucht, kann man das aber auch machen. Achtet er jedoch nur darauf, was vor ihm geschieht und wird zu hektisch, lässt man es besser.

Am schnellsten wird ein junger Schweißhund einsatzbereit sein, wenn man mit einem erfahrenen Führer und Hund zusammenarbeitet. Sollte es zu schwierig werden, kann das erfahrene Gespann weiterhelfen. Auch sieht man sofort, woran Hund und Führer gescheitert sind und kann gezielt an der Fehlervermeidung arbeiten.

Hier sind Kameradschaft und Charakter des erfahrenen Hundeführers gefragt.

Will jemand keine Nachsuche abgeben und nimmt auch noch die siebte Suche für den Tag an, wenngleich ein Schweißhundführer in seiner Nähe dringend Suchen für seinen jungen Hund braucht, wird die Sache schwierig. Ein Schweißhundführer sollte immer daran denken, dass er von heute auf morgen selbst ohne Hund dastehen kann, wenn er Pech hat. Vielleicht ist er dann auf die Kameradschaft seiner Kollegen angewiesen, wenn er mit einem Welpen wieder bei Adam und Eva anfangen muss.

Sehr unterschiedlich reagierten meine Hunde, wenn ich mit ihnen an einem Wildpark vorbeiging. Waren Sauen am Zaun, so wurden diese von einigen verbellt, andere, vor allem Hera, beachteten diese gar nicht. Ich denke, weil die Tiere gesund waren.

Jedenfalls hatte das Verhalten von Hera nichts mit mangelnder Wildschärfe zu tun. Beim Hetzen und Stellen von krankem Wild war sie eher draufgängerisch und bei Frischlingen bis 30 Kg Gewicht auch kampfbereit.

Es ist eine feine Sache, wenn bei einem Fehlschuss mein Hund mir am Anschuss durch sein Verhalten zeigt, dass ein Stück gefehlt ist und es hier nichts zu finden gibt. Deckt sich dieses Verhalten noch mit meiner eigenen Einschätzung der Lage, kann ich getrost abbrechen, entsprechende Erfahrung des Hundes natürlich vorausgesetzt.

Hatte ein Stück aber Schuss und wurde aus einer Rotte oder Rudel beschossen, war folgendes Verhalten zu beobachten:

Der Hund folgte 10- bis 20 Meter der richtigen, schweißenden Fährte, ging dann zurück zum Anschuss und kontrollierte alle übrigen Fährten, ungefähr 10 Meter weit, kehrte dann zur „richtigen" Fährte zurück und arbeitete diese weiter.

Häufiger Kommentar der anwesender Jäger beim Überprüfen der Gesundfährten: „Jetzt ist er aber falsch" oder: „jetzt faselt er!"

Ich finde dieses Verhalten unserer Hunde sehr bemerkenswert. Sicherlich gewinnen sie so Erkenntnisse, ob etwa ein zweites Stück krank ist oder es hilft ihnen, wenn Rotte oder Rudel wieder zusammengefunden haben.

Fangschuss

Der Fangschuss ist oft mit einem erheblichen Risiko für unsere Hunde verbunden; manchen hat er schon das Leben gekostet oder Verletzungen beigebracht. Naturgemäß sind die guten und wildscharfen Hunde stärker gefährdet als die vorsichtigen, die nicht so nah am „Feind" sind.

Ein erhöhtes Risiko besteht besonders dann, wenn man mehrere Hunde an einem stärkeren Stück Schwarzwild schnallt, da diese in der Regel mutiger, oft aber auch unvorsichtiger werden und eine Sau schärfer attackieren. Das macht den Fangschuss noch schwieriger. Auch ist es für den Schweißhundführer nicht leicht, in dichtem Zeug neben der kranken Sau zwei Hunde im Auge zu behalten. Ein Fangschuss ist aber nur dann vertretbar, wenn man genau weiß, wo sich die Hunde befinden.

Ein Risiko besteht aber auch für Begleitpersonen, wenn der Schweißhundführer von einer stärkeren Sau angenommen wird, schließlich hat er eine schussbereite Waffe in der Hand, über die er unter Umständen mit einer Sau zwischen den Beinen keine Kontrolle mehr hat. Stellt ein Hund ein Stück Wild, tut man in jedem Fall gut daran, behutsam und nicht überhastet zu agieren und sein Hirn einzuschalten.

Weiß man, welchen Schuss ein Stück Wild hat, ist das von Vorteil, da man abwägen kann, ob es die voraussichtlich einzige Chance für den Fangschuss ist, – wie vielleicht bei einem Gebrechschuss – oder ob es dem Hund nicht mehr auskommen wird. Sind Straßen in der Nähe, auf denen der Hund bei einer längeren Hetze zu Schaden kommen kann, oder könnte das Stück vor dem Fangschuss in diese Richtung ausbrechen? Wie steht der Wind, wo sind die Begleiter, kann ich, wenn der Hund an einem Hang stellt, von oben angehen? Dieses sind alles Überlegungen, die bedacht werden wollen.

Ich gebe gerne zu, dass bei einer Sau mit einem Gebrechschuss ein hoher Erfolgsdruck besteht, den Fangschuss anzubringen. Trotzdem muss die Sicherheit für Hund und Menschen stets an oberster Stelle stehen.

Sauen sollte man nach Möglichkeit so beschießen, dass sie sofort verenden. Bei einem Lungenschuss hinter die Blätter auf ein gehetztes Stück, das voll Adrenalin ist, ist das nicht der Fall. Vor allem stärkere Sauen können mit solchen Schüssen noch einige Zeit wehrhaft und für den Hund gefährlich sein, wie das Beispiel mit meinem Arx zeigt. Einige meiner Hunde neigten dazu, quasi mit dem Fangschuss über die Stücke herzufallen, was zu einigen brenzligen Situationen führte, die zum Glück aber immer glimpflich ausgingen.

Ob die notwendige Forderung des schnellen Tötens insbesondere bei Fangschüssen auf wehrhaftes Wild mit bleifreien Geschossen erreicht werden kann, wird sich zeigen.

Bei einem Frischling, den ein Hund greifen und den man notfalls abfangen kann, mag es schon sinnvoll sein, einen zweiten Hund beizuschnallen, zum Beispiel einen Terrier. Er kann zur Unterstützung des Schweißhundes bei der Hetze und beim Stellen in dichtem Bewuchs durchaus wertvoll sein.

Leider hat man nicht immer so einen kleinen, giftigen Schweinefänger zur Hand, für den es leichter wie für einen Schweißhund ist, in dichtem Bewuchs einen kleinen Frischling zu greifen.

Kirrung

Nicht selten beginnt eine Nachsuche an einer Kirrung. Betrachtet man die Bedingungen genauer, unter denen geschossen wurde, so sind schlechte Schüsse nahezu programmiert. Manchmal fehlt auf dem Hochsitz oder der Kanzel eine vernünftige Armauflage und die Kirrung ist für einen sicheren Schuss zu weit, mitunter auch so nahe, sodass man sehr steil nach unten schießen muss. 80 Meter sind zu weit, 20 Meter zu nah. Ich denke, dass 40 bis 50 Meter eine gute Entfernung ist.

Ein weiteres Problem ist die Anlage der Kirrung. Am häufigsten sieht man in einigem Abstand hintereinander versetzt angeordnete Bohrlöcher. Diese sind in der Regel mit Steinplatten, Holzscheiben oder anderem Material abgedeckt, damit das Kirrgut nicht von anderem Wild aufgenommen werden kann. Sind die einzelnen Kirrlöcher nicht in einer Reihe nebeneinander angeordnet, so ergeben sich gleich mehrere Probleme. Da die Sauen von einem Loch zum anderen wechseln, wird die Kirrung bald aussehen wie eine Suhle, das heißt, man hat keinen kontrastreichen, sondern einen schwarzen Unter- und Hintergrund, vor dem sich die Sauen sehr schlecht abheben. Zudem ist es schwierig, sich den Anschuss zu merken. Weiter wird man kaum einen Kugelriss finden. Auch ist es schwieriger, die verschiedenen Größen der Sauen bei einer gemischten Rotte zu erkennen, wenn die Sauen versetzt unterschiedlich weit entfernt stehen. Ebenso besteht ein erhebliches Risiko, dass durch Geschosssplitter oder den Geschosskern noch andere Stücke als das beschossene verletzt werden.

Alle diese Probleme vermeidet man, indem man eine Streifenkirrung anlegt, wie von Norbert Happ in seinem sehr interessanten Buch „Hege und Bejagung des Schwarzwildes“ beschrieben wird und das ich jedem Schwarzwildjäger nur wärmstens empfehlen kann.

Leider ist diese zuerst beschriebene Art zu kirren nur schwer auszurotten. Viele junge Jäger haben es so von ihren Vätern gelernt, so haben sie immer gekirrt.

Befinden sich die Sauen in einer Linie nebeneinander, sieht man deren Größenunterschiede. Man behält einen helleren Hintergrund, weil nur der Streifen, auf dem gekirrt wurde, umgebrochen wird. Das erleichtert den sicheren Schuss. Man weiß, wo bei einer Nachsuche Schnittborsten oder sonstige Pirschzeichen zu suchen sind, wo man den Kugelriss finden und durch ihn die Höhe des Schusses im Wildkörper bestimmen kann.

Eigentlich sollten das genügend Argumente gegen Kirrungen sein, bei denen das Kirrgut in versetzt hintereinander angebrachten Löchern eingebracht wird.

Durch die Streifenkirrung ließe sich manche Nachsuche vermeiden oder das Finden des Anschusses erleichtern, was für den weiteren Verlauf der Suche recht hilfreich sein kann. Seit nunmehr vierzig Jahren habe ich so gekirrt. Es hat sich bestens bewährt.

Eine grundsätzliche Frage stellt sich jedoch wenigstens den Jägern, für die Waidgerechtigkeit keine leere Worthülse ist. Schießen an der Kirrung, ist das fair? Hat das Wild eine reelle Chance.

Eine reelle Chance hat eine Sau auch nicht im milchigen Hafer oder wenn sie auf der Wiese die Kuhfladen umdreht. Jedenfalls nicht bei einem sicheren Schützen, der seine Nerven beieinander hat und den es nicht beim Anblick von Sauen vor Jagdfieber beinahe vom Hochsitz schüttelt.

Sauen sind nicht dumm. Hat eine Bache erst mal einen Teil ihres Nachwuchses an einer Kirrung verloren, wird sie diese eine zeitlang meiden. Man kann davon ausgehen, dass Sauen untereinander kommunizieren und sich warnen. So kenne ich einst regelmäßig besuchte Kirrungen, die dann über Wochen von keiner Sau mehr angenommen werden.

Hat der passionierte Saujäger mit „Sitzfleisch" einige Nächte vergeblich auf seine Körner aufgepasst, regelt sich diese Art der Wildschadensverhütung meist von selbst. Der Jäger darf und muss jagen – hoffentlich noch lange – also auch töten, auch wenn der Schuss an der Kirrung sicher nicht die Krone des Waidwerks darstellt.

Eine vernünftige Alternative zur Jagd, um Wildbestände zu regulieren, wurde bisher nicht gefunden. Nur „Die Grünen" scheinen es besser zu wissen. Der Unterschied ist nur: der Jäger hat einen freien Willen für sein Handeln. Bei ihm geht es bei der Jagd nicht mehr ums Überleben. Er wird nicht hungern, wenn er ein „falsches" Stück laufen lässt.

Wer sich eine Jagd und einen dicken Geländewagen leisten kann, sollte sich auch das leisten können.

Allesfresser wie unser Schwarzwild und erst recht reine Fleischfresser können sich kein Mitleid anderen Tieren gegenüber leisten. Sie würden schlichtweg verhungern. Wo es ums eigene Überleben und das der Familie geht, ist Mitleid genetisch nicht verankert. Es kommt nur darauf an, mit möglichst geringem Risiko und Kraftaufwand Erfolg zu haben. Das bedeutet: zu töten.

So legt sich die Löwin ins hohe Gras an ein Wasserloch und wartet ab, bis ein „passendes" Stück erscheint, von Durst getrieben.

Sie wird nicht denken: lass das Zebra in Ruhe trinken und sich kräftigen, dann gibst du ihm 100 Meter Vorsprung, damit es auch eine Chance hat. Dann erst rennst du los. Sie wird vielmehr hinterhältig sein, wie es ihrer Natur entspricht. Um den Jagderfolg noch sicherer zu machen, wird sie ihre Verwandten bitten, sich gut gedeckt mit auf die Lauer zu legen. Sie wird ihnen sagen – natürlich in der Löwensprache – geht mir bitte mal ein wenig zur Hand, ich hab Hunger und Appetit auf ein richtig großes Stück Fleisch (nicht auf Grünzeug, Tofu oder Müsli). Ihr bekommt auch alle was ab.

Ich denke, der Schöpfer der Evolution hat sich was dabei gedacht, dass es auch Fleischfresser (und Fleischesser) gibt. Sicher hat er nicht an die Auswüchse der Massentierhaltung gedacht und dass viele (zu viele) Menschen meinen, sie müssten jeden Tag für kleines Geld ein Stück Fleisch auf dem Teller haben und somit die unsägliche Massentierhaltung erst ermöglichen. Vielleicht hat er in kluger Weitsicht überlegt, dass bald das Futter knapp wird, wenn er ausschließlich Pflanzenfresser (und Pflanzenesser) schafft und dass dann viele Tiere und Menschen wie Veganer und Vegetarier hungern oder gar aussterben würden. Das wollte er dann doch nicht.

Ich gönne jedenfalls jedem, dem beim Gedanken an eine am Knochen gebratene Wildschweinschulter oder Rippchen mit Steinpilzen nicht das Wasser im Mund zusammenläuft, sein gesundes Tofuwürstchen oder Schnitzelchen und sein Müsli. Ganz ehrlich. Möge sie oder er gesund bleiben und so alt werden wie eine Galapagos Riesenschildkröte.

Er hat also überlegt, dass es auch reine Fleischfresser und Allesesser geben muss, damit die ganze Schöpfung nicht aus dem Ruder läuft und hat so für einen gesunden Ausgleich gesorgt.

Tierschützer mögen sich bisweilen schwer damit tun, dass sich die Tiere gegenseitig töten und auffressen, aber so ist es nun mal, und daran wird kaum jemand etwas ändern können, und wenn man einmal darüber nachdenkt, macht das durchaus Sinn.

Ich stelle mir ein Löwenrudel in der Serengeti vor, das friedlich neben einer Gnuherde weidet und Gras frisst.

Sollten etwa alle Tiere krankheits- oder altersbedingt sterben, als anderen Lebewesen – auch dem Menschen – als lebenswichtige Nahrungsgrundlage zu dienen oder sich derart unkontrolliert vermehren wie beispielsweise die Sauen in Berlin?

Tiere töten andere, um selbst am Leben zu bleiben. Da sich die Evolution nun mal dahin entwickelt hat, sollte es dem Menschen -hier, dem Jäger – ebenfalls erlaubt sein. zu ernten, was die Natur geschaffen hat. In aller Regel gelingt ihm dies humaner als den Tieren.

So sagt die Frau eines Jägers sicher irgendwann: „Schatz, du musst mal wieder zur Jagd gehen, unsere Kühltruhe ist leer." Ein fleißiger Jäger lässt es allerdings soweit gar nicht erst kommen und das ist völlig in Ordnung und im Sinne der Schöpfung, auch wenn viele Jagdgegner das nicht einsehen wollen.

Mit einem Jagdgegner muss man sich unterhalten, nachdem eine Rotte Sauen ihm nachts seinen schönen englischen Rasen auf links gedreht oder er ein Reh angefahren hat, das mit gebrochenen Läufen im Straßengraben liegt.

Ein Tierfreund, der ein Jagdgegner ja wohl immer ist, hat dann vielleicht den dringenden Impuls, ein verletztes Tier in sein Auto zu packen und zu einem Tierarzt zu bringen, so unsinnig das auch sein mag. Oder braucht man dann vielleicht doch einen Jäger?

Man kann sich ja einmal Gedanken darüber machen, wie viel mehr Sinn und Berechtigung das Töten der Tiere hat gegenüber dem, was Menschen – der Krone der Schöpfung – sich mitunter antun:

Mobbing, häusliche Gewalt, Vergewaltigung, Folter, Mord und Totschlag.

Gut durchgeimpft

Mitunter werden gebietsweise Sauen durch Auslegen der Impfköder gegen Schweinepest geimpft. In einem Revier mit gutem Schwarzwildvorkommen zeigt sich dabei Folgendes:

Beschickt wird jede Kirrung oder anderen Stellen, die regelmäßig von Sauen aufgesucht werden, mit bis zu 40 Ködern. Da jede Kirrung aber von einer unterschiedlich großen Anzahl von Sauen aufgesucht wird – man stelle sich eine Zahl von eins bis zwanzig vor – kann man davon ausgehen, dass Impfköder in sehr unterschiedlicher Menge aufgenommen werden. So ist nicht auszuschließen, dass von Sauen, die zudem nicht selten mehrere Kirrungen hintereinander aufsuchen, auch einmal 20 oder mehr Köder gefressen werden.

Jedenfalls ist die Situation in dem von mir beobachteten Revier so, dass die an den Kirrplätzen bekannten Sauen nach der ersten Impfung für etwa eine Woche von diesen wegbleiben. Ich könnte mir vorstellen, dass die sich nach dem Verzehr von zu vielen Ködern eine Zeit lang nicht wohlfühlen. Nach der zweiten Impfaktion bleiben die Sauen länger weg – zwei bis drei Wochen – und nach der dritten nehmen sie die ihnen bekannten Kirrungen gar nicht mehr an. Das hat nichts damit zu tun, dass sie sich andere Nahrungsquellen erschlossen haben, wie beispielsweise Getreide, Mais, Eicheln oder Bucheckern. Werden Kirrplätze doch wieder aufgesucht, ist dies von fremden, unbekannten Sauen. Manchmal ergibt sich so die Situation, dass die nächste Impfaktion fällig ist und Köder ausgelegt werden, obschon die Kirrungen zurzeit noch nicht wieder angenommen werden. Die Köder werden dann von den Füchsen gefressen oder bleiben liegen.

Ich kann mir vorstellen, dass unsere intelligenten Sauen eine solche Stelle deshalb meiden, weil sie dort zwei- oder dreimal nach deren Besuch erhebliche „Bauchschmerzen“ und Fieber bekommen haben, wie sie ja auch einen Platz meiden, auf dem sie mehrmals beschossen wurden. Diese Ansicht vertritt auch eine Tierärztin, die auch Jägerin ist, und mit der wir dieses Verhalten der Sauen diskutiert haben.

Es wäre interessant, ob in anderen Revieren ähnliche Beobachtungen gemacht wurden und welche Schlussfolgerungen man daraus ziehen kann.

Strategischer Rückzug

Nach einer winterlichen Drückjagd im Kottenforst gerieten der zuständige Förster Norbert Happ, Bessie und ich bei der Nachsuche auf eine offensichtlich nur leicht-kranke Sau an eine Ablenkfütterung, die in einem großen Dickungs- und Stangenholzkomplex lag. Die Fütterung wurde allerdings nur im Sommerhalbjahr betrieben. Norbert Happ markierte hier viele Jahre Frischlinge, ohne sie einzufangen. „Seine" kopfstarke Rotte war aber auch in der übrigen Zeit des Jahres hier zu Hause und kehrte nach Drückjagden unverzüglich heim.

In kürzester Zeit waren wir von Sauen nahezu eingekreist, die keinerlei Anstalten machten, abzurücken. Den Bachen schien unsere Anwesenheit gar nicht zu gefallen, sie formierten sich und es hatte nicht den Anschein, dass sie das Feld freiwillig räumen wollten. Um bei solcher Übermacht kein Risiko einzugehen, zogen wir uns langsam zurück, brachen die Nachsuche ab und uns in Sicherheit.

Wird eine angeschweißte Sau dauerhaft bei ihrer Rotte geduldet, kann man davon ausgehen, dass sie nur leicht verletzt ist.

Krankes Wild

Wie verhält sich krankes Wild im Allgemeinen, also im Normalfall? In der Regel macht es das, was auch ein Mensch bei einer Verletzung tun würde: Er will nach Hause, und zwar auf dem kürzesten Weg, wenn er noch dazu in der Lage ist.

Nehmen wir beispielsweise einen Rehbock mit einem Laufschuss. Wahrscheinlich wurde er in der Nähe seines Einstandes krankgeschossen. Wird er in Ruhe gelassen, kommt es bei einer Nachsuche nur selten zu einer längeren Riemenarbeit, meist sitzt er ganz in der Nähe. Kommt es zur Hetze, wird ein schneller, wildscharfer Hund ihn bald niederziehen. Mitunter ist zur Unterstützung des Schweißhundes ein zweiter Hund erforderlich, wie etwa ein Drahthaar, der diese Aufgabe zuverlässig erfüllen kann.

Rehwild mit einem Schuss, bei dem es noch flüchten kann, stellt sich selten. Der Hundeführer kann nicht einfach hinlaufen und einen Fangschuss geben. Dauert die Hetze länger und entfernt sich, hat man gute Chancen, wenn man da wartet, wo man das Stück aufgemüdet hat. Sicher will es dahin zurück, wo es sich auskennt, besonders jedes Stück mit eigenem Territorium.

Auch kranke Sauen wollen „nach Hause", in ihre Dickung, ihren Kessel. Da sie einen größeren Lebensraum als Rehe haben und nicht selten von weiter her anwechseln, sind die Riemenarbeiten bisweilen erheblich länger. Ein weiterer Grund für längere Riemenarbeiten ist natürlich auch, dass Sauen wesentlich schusshärter sind als Rehwild. Dann hört man mitunter von Jägern Kommentare wie: „Wenn die Sou noch dä steile Berch erop kütt, dann hät die och nit vill un is bestimp längs widder bei dä andere Säu!" So erfuhr ich manchmal ganz nebenbei, dass es gebietsweise ganz besonders harte Sauen gibt, bei denen sich eine längere Nachsuche eigentlich gar nicht lohne.

Die Behauptung, dass ein Stück Schwarzwild mit einem Laufschuss immer den bequemsten Wechsel am Hang entlang nimmt oder mit Gebrechschuss nicht durch dichtes Zeug geht, habe ich oft genug widerlegt gefunden. Auch kann man nicht erwarten, dass jede kranke Sau Wundkessel macht, bis man sie verendet findet oder sie vor Hund und Führer flüchtig wird.

Eine Ausnahme sind Stücke mit einem Weidwundschuss. Diese machen bisweilen mehrere Wundkessel, bevor sie verenden.

Krankgeschossene Sauen mit nicht tödlichen Schüssen bleiben in der Regel bei der Rotte und liegen etwas abseits, wenn sich die Sauen eingeschoben haben. Sondert sich dagegen ein Stück bald ab, weil es nicht mehr mithalten kann, ist es meist tödlich getroffen oder schwer krank.

Sind nach dem Schuss die Sauen in alle Himmelsrichtungen geflüchtet, wird es nicht lange dauern, bis sie wieder zusammenfinden.

Einfluss auf die Länge der Riemenarbeit haben auch Dinge wie: wurde morgens oder abends geschossen, auf der Drückjagd, von einem Hund gehetzt oder wurde das Stück aufgemüdet, bevor es richtig krank war?

Manchmal hört man die Meinung, dass kranke Sauen Wasser aufsuchen und dort verenden. Ich habe in meiner Nachsuchenzeit keine zehn Stück Schwarzwild verendet im Wasser gefunden oder dort hochgemacht. Ich glaube, dass diese Meinung ohne eigene Erfahrung von einem zum anderen übernommen wird.

Sauen mögen ihre Verletzung in einem Bach oder in einer Suhle kühlen, aber dann ziehen sie in aller Regel weiter. Nur wenige Stücke mit Weidwundschüssen habe ich im Wasser verendet gefunden. Sie hatten es nicht mehr bis „nach Hause“ geschafft.

Bei Rot- und Damwild kann es ebenfalls zu längeren Riemenarbeiten kommen, da auch ihr Lebensraum größer ist und sie nicht so schussempfindlich sind wie Rehwild. Bei Kälbern kommt es je nach

Sitz der Kugel auch mit einem schnellen, wildscharfen Hund meist zu weiten Hetzen, da sie sich sehr schlecht stellen, weil sie durch die starke Bindung an ihre Mütter diesen so lange zu folgen versuchen, wie sie eben können.

Klagen bei Schussverletzungen von Rot-, Dam- oder Rehwild kenne ich nicht. Allerdings klagt Wild mitunter, wenn es bei der Hetze von einem Hund gefasst wird.

Die „schussharten" Sauen klagen vergleichsweise häufig. Ein kurzes Quieken kann bei nahezu allen Schüssen vorkommen, auch bei Lungenschüssen. Anhaltendes Klagen deutet meistens auf einen Schuss im Nierenbeckenbereich hin, wobei die Nieren nicht verletzt sein müssen. Es genügt, wenn sie Druck durch den Schusskanal bekommen. Klagen ist aber auch gelegentlich bei anderen, meist Knochenschüssen zu hören; es geht einem durch Mark und Bein.

Rauschig

Ein Jäger bot mir im Winter einen Keiler zum Kauf an. Ich fragte, ob der evtl. streng röche (der Keiler, nicht der Jäger) und vielleicht rauschig wäre? „Der riecht schon", kam seine Antwort, „aber rauschig ist der bestimmt nicht!" „Werden die denn heute überhaupt noch rauschig?" war seine verwunderte Frage. Ich fand diese recht lustig und erzählte sie Norbert Happ.

Sein Kommentar: „Der glaubt wohl, die Sauen vermehren sich über Stecklinge!"

Den Keilerschützen hatte ich aber schon aufgeklärt, dass die Fortpflanzung bei den Sauen – und nicht nur bei ihnen – in der Regel immer noch „wie früher" ginge.

Das ist sicher gut so, man sollte sie unbedingt beibehalten.

Rehwildnachsuchen

Soll man mit dem Hannoverschen Schweißhund überhaupt Rehwild nachsuchen?

Die Frage ist nicht mit einem klaren Ja oder Nein zu beantworten. Letztendlich muss jeder Schweißhundführer selbst entscheiden, ob er „es“ macht oder bleiben lässt.

Zuerst einmal wird einleuchten, dass ein Hund – wie auch ein Mensch – Vorteile daraus ziehen wird, wenn er in vernünftigem Rahmen spezialisiert ist. Das setzt allerdings voraus, dass auf seinem Spezialgebiet genügend Arbeit anfällt. Man kann sicher so weit spezialisieren, dass es kontraproduktiv ist. Das wäre der Fall, wenn man beispielsweise mit seinem Schweißhund ausschließlich Damwild nachsuchen würde, aber nur wenige Nachsuchen anfielen. Die Spezialisierung sollte darauf hinzielen, dass man ausgelastet ist. So wird der Schweißhundführer außerdem sicher Schwarz- und Rotwild, gebietsweise noch Muffel- und Sikawild nachsuchen.

Auf Wundfährten dieser Wildarten tut sich ein Gespann leichter, wenn der Schweißhund gelernt hat, dass er keine Gesundfährten und keine Rehwildfährten arbeiten darf. Hat ein Gespann jährlich 100 oder mehr Einsätze, kommen die Schweißhundführer, die außerdem noch berufliche Pflichten zu erfüllen haben, möglicherweise arbeitsmäßig an ihre Grenzen. Da stellt sich schon die Frage, ob man Rehwildnachsuchen allein aus diesem Grund dazunehmen kann.

Anders sieht die Sache aus, wenn nur etwa zwanzig oder dreißig Nachsucheneinsätze anfallen. Da wird es sicher besser sein, wenn das Gespann auch Rehwild nachsucht, damit Hund und Führer in Übung bleiben. Nach meinen Beobachtungen haben aber Rehwildnachsuchen in vielen Fällen ihren Preis. Es wird nicht leicht sein, auf der Wundfährte einen Spitzenhund für Hochwild zu bekommen.

Den bekäme man allerdings auch nicht, wenn man die Rehwildnachsuchen ließe, da dann zu wenig Arbeit anfiele.

Rehwildnachsuchen sind oft mit einer Hetze verbunden, beispielsweise bei Lauf- Krell- oder Streifschüssen. Ist die Hetze erfolgreich und der Schweißhund hat ein krankes Reh niedergezogen, ist das ein einprägsames Erlebnis für ihn. Man kann davon ausgehen, dass er bei jeder längeren Nachsuche an frische Rehwildfährten gerät. Es ist für einen Hund schon eine Charakterprüfung, bei einer solchen Gelegenheit fährtentreu auf einer alten Schwarzwildfährte zu bleiben, vor allem, wenn der Hund jung und noch nicht gefestigt ist.

Ein weiteres Problem bei Rehwildnachsuchen sehe ich in der relativ hohen Zahl der Stücke, die nicht zur Strecke kommen, da sie nur leicht verletzt oder gefehlt sind. Man animiert seinen Hund, einer Fährte zu folgen, weil der Jäger hundertprozentig sicher ist, gut abgekommen zu sein und glaubt, das Reh müsse ganz bestimmt in der Nähe liegen.

Ein Schweißhundführer mit einem Hannoverschen Schweißhund wird sicher gewissenhaft abwägen, ob er grundsätzlich auch Rehwild nachsucht oder nur im Ausnahmefall – wie ich es gehalten habe – wenn kein anderes Gespann zu erreichen ist, das eine gewissenhafte Nachsuche machen kann.

Einige Male habe ich aus Jägerkreisen gehört, dass man sich für Rehwildnachsuchen wohl „zu schade“ sei. Dieses ist ganz gewiss nicht der Fall und entspricht sicher auch nicht der Denkweise der meisten Jäger.

Die Überlegung des Schweißhundführers ist vielmehr: wie viel Zeit habe ich unter Berücksichtigung beruflicher und privater Belange überhaupt für Nachsuchenarbeit und wie bekomme ich den bestmöglichen Hund.

Jeder Nachwuchsführer steckt in dem Dilemma: Ohne geeignete Nachsuchen bekommt er keinen guten Hund, ohne guten Hund keine Nachsuchen.

Ein Kapitel für sich

Die Schwarzwildstrecken bei Drückjagden waren in den letzten Jahren durchweg hoch, gebietsweise sehr hoch. Was auffällt: das Verhältnis von abgegebenen Schüssen zur Strecke ist vielerorts schlecht bis nicht mehr hinnehmbar. Wie sieht das in der Praxis aus? Bei fünfzig und mehr abgegebenen Schüssen liegen vielleicht zehn Stück Wild auf der Strecke. Man kann das beliebig hochrechnen. Nachsuchen, diesmal zum Glück keine, vielleicht noch zwei Kontrollsuchen für den nächsten Tag. Und wieder humpeln ein paar arme Kreaturen durchs Revier.

Ich stelle mir vor, was der Jagdleiter bei seiner Ansprache gesagt hat: zu viel Schwarzwild, Wildschaden, Schweinepest usw. Da sitzt der Finger am Abzug locker.

Ich würde mir eine Ansprache wünschen, in der der Jagdleiter fordert, nur dann zu schießen, wenn die Aussicht auf einen sauberen Treffer bei achtzig Prozent liegt und dass für einen Jäger, der zweimal gefehlt hat, Hahn in Ruh ist. Man ist auf einer Drückjagd nicht im Schießkino! Ich kann mir vorstellen dass dies ungemein disziplinieren würde. Muss man wirklich auf jede Sau schießen, egal unter welchen Bedingungen, auch wenn die Aussicht auf einen sauberen Treffer gleich null ist? Es bricht sich niemand ein Zacken aus der Krone, wenn er zugibt, dass die Bedingungen für einen sicheren Schuss nicht gut genug waren und dass er nicht fertig geworden ist. Man muss sich immer vor Augen führen, dass jeder Fehlschuss auch ein Gebrech- Lauf- Krellschuss oder sonst was Schlimmes sein kann, der bei zu vielen angeblichen „Fehlschüssen" **nicht** nachgesucht wird. Bestenfalls bekommt man das ein oder andere dieser angeblich vorbeigeschossenen Stücke später an einer Kirrung. Ein Jäger sollte sich schon Gedanken über das Schicksal eines Stückes Wild durch einen leichtsinnigen Schuss machen, auch wenn sich das Hundegeläut nähert und rundherum die Büchsen knallen.

Vielleicht liegen abends ein paar Sauen mit Keulenschüssen weniger auf der Strecke, vielleicht auch das nicht einmal. Jedenfalls bliebe für die Nachsuchen bei weniger Schüssen die Sache so übersichtlich, dass nahezu jeder Kugelschuss kontrolliert werden kann, was mit einem fertigen Schweißhund ja keine aufwendige Sache ist.

Abschied

Der Hund des befreundeten Försters H.W. war alt geworden und litt stark unter rheumatischen Beschwerden. Der Förster wollte seinem Wachtelrüden den Weg zu einem Tierarzt ersparen und ihn nicht einschläfern lassen. Er bat mich, ob ich ihm nicht behilflich sein könnte, ihn zu erlösen, er könnte das nicht. Ich konnte so etwas auch nicht gut, hatte aber doch etwas mehr Abstand zu seinem Hund. Seit längerem wusste ich, das er sich quälte und man in absehbarer Zeit irgendwie handeln musste. So sagte ich zu.

Gemeinsam fuhren wir eines Morgens an eine einsame Stelle seines Reviers. Der Hund wurde gedrückt und bekam ein Wurstbrot. Wir gingen noch ein paar Schritte vom Weg ab, da machte er unmittelbar vor uns aus den Brombeeren drei Überläufer hoch. Die Sauen flüchteten auf zehn Meter an uns vorbei, mit heiserem Hetzlaut dicht verfolgt von dem alten Wachtelrüden.

Mit diesem Erlebnis wechselte der in den Hundehimmel.

Wie der Förster später sagte, haben ihm die Umstände und das letzte Jagderlebnis seines Hundes den schmerzhaften Abschied sehr erleichtert.

Der „Schnorchler"

Bei gutem Mondlicht saß ich nachts an einer Wildwiese auf Sauen an. Schon von weitem hörte ich eine Rotte anwechseln. Die Sauen gaben sich keinerlei Mühe leise zu sein. Ein Stück prustete und schnorchelte so laut, dass die anderen wohl dachten, es ergäbe wenig Sinn, sich in Acht zu nehmen.

Ohne Zögern kamen sie an die Kirrung, eine Bache mit sieben Frischlingen. Jetzt galt es, den „Schnorchler" herauszufinden. Er war einer der Frischlinge, das war ziemlich schnell klar. Mal glaubte ich, ihn ausgemacht zu haben, dann zogen die Sauen wieder durcheinander. So ging das eine halbe Stunde, dann zog sich die Bache langsam in Richtung Wald zurück, gefolgt von einem Teil ihres Nachwuchses. Jetzt wurde die Sache übersichtlicher. Der „Schnorchler" stand zehn Meter abseits von den anderen und meinem Hochsitz am nächsten.

Der Schuss erlöste ihn.

Der Frischling hatte eine alte Schussverletzung durch den Oberkiefer, man hätte einen Finger hindurchstecken können. Die Zähne waren zum Glück heil geblieben, sodass er noch Fraß aufnehmen konnte. Jedenfalls hatte er die Verletzung überlebt und war nicht einmal abgekommen.

Dieser Frischling wurde sicherlich auf einer der Drückjagden beschossen, seine Verletzung aber nicht erkannt. Eine Sau mit einem Gebrechschuss war jedenfalls nicht gemeldet und daher auch nicht nachgesucht worden.

Kein Frischling vom Grill

Der befreundete Berufsjäger Dirk Ullmann bat um Hilfe bei der Nachsuche in der Eifel auf einen Frischling. Er vermutete einen Krellschuss. Nach längerer Riemenarbeit stand Hera an einer Naturverjüngung von wenigen kleinen Fichten vor und gab Standlaut. Ein zweiter Berufsjäger begleitete uns.

Wir befanden uns fünf Meter von einem mehrere Hektar großen, gegatterten Waldstück, das früher einmal militärischen Zwecken gedient hatte.

Ein Berufsjäger stellte sich links, der andere postierte sich rechts von mir. Die Sau konnte uns so nicht entkommen, sie musste ja am Zaun entlang, wo zwei sichere Schützen standen. Ich war ja auch noch da. Hera wurde geschnallt, der Frischling flitzte an mir vorbei auf den Zaun zu. Ich schoss, vorbei, der rechts postierte Berufsjäger schoss, vorbei.

Sicher fand der Wutz ein Loch im Zaun, das er bestimmt schon kannte. Weg war er. Den Hund hatte der erst mal abgehängt. Mühsam krochen wir unter Natodraht und Zaun hindurch. Am Schweißriemen ging es auf der frischen Fluchtfährte im Laufschritt hinterher. Einer der Berufsjäger war hier ortskundig. Er sagte, er wüsste, wo der Frischling hin wollte, deshalb schnallte ich meinen Hund nicht direkt hinter dem Zaun. Nach einigen hundert Metern kamen wir an ein kleineres Gatter innerhalb eines wesentlich größeren Gatters. Die Sauen hatten den Zaun auf einer Breite von fünf Metern angehoben. Da war der Frischling durch. Es war zu vermuten, dass er dieses Loch im Zaun wieder annehmen würde, wenn wir ihm auf die Schwarte rückten. Deshalb drückten wir den Draht herunter und beschwerten ihn mit allem, was der Wald in der näheren Umgebung hergab.

Ich möchte ausdrücklich erwähnen, dass wir sehr sorgfältig waren und keineswegs schlampig gearbeitet hatten. Da das Gatter ansonsten dicht war, saß der Frischling in der Falle. Entkommen konnte er uns so nicht mehr. Eigentlich hätten wir schon mal den Grill anzünden können.

Der Berufsjäger, der dieses Revier betreute, hielt die Stellung an dem von uns so sorgfältig geschlossenen Loch, der andere postierte sich von außen an den Zaun. Dies war ja ein Zwangswechsel, und einem musste die Sau ja kommen.

Bereits nach kurzer Riemenarbeit wollte Hera geschnallt werden, da aber Erfolg versprechend abgestellt war, schnallte ich nicht, sondern blieb der Sau mit dem Hund am Riemen auf den Fersen, damit der Frischling den beiden Vorstehschützen nicht zu schnell kam. Der Berufsjäger, den ich außerhalb des Zaunes abgestellt hatte, sah diesen zwar, kam aber nicht zu Schuss. Plötzlich knallte es mehrmals. Geschossen hatte der Jäger, der das ehemalige Loch im Zaun verteidigte. Dann kam sein Hilferuf: „Ich habe keine Munition mehr!" So schnell ich konnte lief ich hin und wollte ihm helfen. Da stand er, ein kräftiger Kerl mit breiten Schultern und hielt den Frischling an beiden Hinterläufen gefasst. Dieser wehrte sich verzweifelt und versuchte, durch das ihm bekannte Loch zu entkommen, doch es war verschlossen. Er kämpfte und strampelte, dann hatte er sich tatsächlich durchgebrasselt. Weg war er.

Hätte ich doch nur eine Filmkamera dabeigehabt. Wir mussten lachen, haben ihm aber seine Freiheit gegönnt. Die hatte er sich redlich verdient.

Wir waren alle von einer nur geringen Verletzung des Frischlings überzeugt. Sicher würde er gute Überlebenschancen haben.

Wieder einmal gab es abends anstatt Frischling am Spieß nur Fischstäbchen.

Man muss auch mit Anstand verlieren können.

Gewildert

Im Bergischen Land stieß ein Förster an einem Mittwoch bei seinem Reviergang zufällig auf eine Schweißfährte. Er benachrichtigte den Revierpächter, dieser bat mich um eine Nachsuche.

Es dauerte eine ganze Weile, bis Hera einer Fährte folgte. Sie tat sich schwer, es ging nur langsam vorwärts. Immer wieder korrigierte sie sich. Es waren aber auch schwierige Bedingungen, keine Schweißbestätigung, der Boden war hart gefroren, es gab jede Menge frische Verleitfährten von Schwarzwild, und wir hatten keine Ahnung, wie alt die Fährte war. Bedächtig ging es voran. Hera wurde aber immer sicherer und nach 700 Metern fanden wir eine starke Bache mit Weidwundschuss.

Wir gingen zurück zu dem Schweiß, von dem aus wir die Nachsuche begonnen hatten. Ganz in der Nähe stand eine Kanzel. Von hier aus muss die Sau beschossen worden sein.

Der Pächter befragte daraufhin die Jäger, die bei ihm jagen durften, ob jemand in den letzten Tagen angesessen und eine Sau beschossen habe. Alle verneinten, niemand wäre draußen gewesen und hätte geschossen.

In der Nähe der Kanzel liegt ein Bauernhof. Der Bauer wurde befragt und er gab an, er selbst hätte am Sonntagabend gegen 22 Uhr einen Schuss gehört.

Ich machte den Vorschlag, der Pächter möge sagen, er hätte das Geschoss in der Bache gefunden. Die Waffen der in Frage kommenden Jäger sollten abgegeben und beschossen werden. Dies tat er auch und siehe da, einer seiner Mitjäger meldete sich und beichtete: Sonntagabend hätte er einen Frischling beschossen und mit seinem Hund nachgesucht, aber nichts gefunden. Er wäre davon ausgegangen, vorbeigeschossen zu haben. Der Schütze dieses außergewöhnlich starken, verluderten „Frischlings“ von ca. 70 kg Gewicht musste diesen sehr teuer bezahlen und erhielt natürlich Jagdverbot. Er hatte nicht nur das Vertrauen des Jagdherrn missbraucht, sondern auch seine Mitjäger dem Verdacht der Wilderei ausgesetzt.

In einem anderen Fall stieß ein Jagdpächter in seinem Revier zufällig auf eine Schweißfährte. Er rief an und bat um eine Kontrollsuche.

Mit Bessie konnte ich die Fährte bis vor einen Hochsitz zurückarbeiten und kam an den Anschuss eines Stückes Damwild mit Laufschuss.

Während der Nachsuche setzte starker Schneeregen ein, keine idealen Bedingungen für eine Nachsuche. In kürzester Zeit war ich klitschnass und durchgefroren, es war eine elende Schinderei! An der steilen Böschung in einer Dickung rutschte ich aus, fiel kopfüber hin und landete in den Brombeeren. Mein Gesicht blutete, meine Brille war weg – zum Glück fand ich sie nach längerem Suchen wieder. Ohne Brille sucht es sich für mich nicht so gut. Ich war auf meine Waffe gefallen und hatte mir verdammt wehgetan. Verfluchte Sch..... Ob meine Frau mich so wiedererkennen würde, wenn ich heimkam? Warum tue ich mir das eigentlich alles an?

Weiter folgte ich der Fährte, dem Hund vertrauend, bis der Damhirsch einige Meter vor mir aus seinem Wundbett hoch wurde. Nach kurzer Hetze: Standlaut, Angehen und Fangschuss. Aller Ärger war vergessen.

Wie herrlich sind doch Nachsuchen!

Die Jäger, die in diesem Revier jagen durften, wurden befragt, ob einer von ihnen angesessen und vielleicht geschossen hätte. Angeblich hatte niemand geschossen.

Die Polizei wurde eingeschaltet und der Pächter erstattete Anzeige gegen Unbekannt wegen Wilderei. Ich weiß nicht, ob der Übeltäter ermittelt werden konnte, gehört habe ich von der Sache nichts mehr.

Hauptprüfung

Man sagt: Wer auf einer Hauptprüfung einen dritten Preis erreicht, hat einen guten Hund. Hat jemand einen zweiten Preis bekommen, hat er einen sehr guten Hund und bei einem ersten Preis hat er Glück gehabt.

Hat ein Schweißhundführer Glück gehabt, so kann er sich fühlen, als hätte er bei den Olympischen Spielen eine Goldmedaille gewonnen.

In Bad Berleburg bekamen anlässlich einer Bewegungsjagd drei Hannoversche Schweißhunde mit ihren Führern Gelegenheit, bei evtl. anfallenden Nachsuchen die Hauptprüfung abzulegen. Da können Hund und Führer zeigen, was sie können – oder auch nicht.

Mit Maud wollte ich es versuchen und hoffte auf das immer auch erforderliche Suchenglück. Es fielen eine Reihe Nachsuchen an, und die Arbeiten wurden verlost.

Ich bekam eine Arbeit zugewiesen, bei der ein Jäger aus einer größeren Rotte einen Überläufer beschossen hatte. Laut Angaben des Schützen waren alle Sauen aus einer Dickung etwa achtzig Meter rechts oberhalb seines Standes nach links einen Hang hinuntergeflüchtet und dann im Fichtenaltholz verschwunden. Geschossen hatte er auf 40 Meter und er war sich sicher, gut abgekommen zu sein.

Die Richter forderten mich auf, Maud ablegen zu lassen und den Anschuss zu suchen. Gehorsam kam ich ihrer Aufforderung nach, fand aber keinerlei Anzeichen dafür, dass die Sau Schuss hatte. Das Gelände war allerdings durch Bewuchs unübersichtlich und auf ein paar Meter rauf oder runter konnte der Schütze natürlich den Anschuss nicht bestimmen. Nur die Fluchtfährten der Sauen standen deutlich sichtbar im Laub.

„Versuchen sie doch, den Anschuss mit Hilfe Ihres Hundes zu finden", riet einer der Richter. Das war mal eine pfiffige Idee! Ich führte die Hündin in die Nähe des vermuteten Anschusses. Sie orientierte sich kurz, zog ein paar Meter auf den Fluchtfährten abwärts, drehte dann aber um und arbeitete konzentriert den Hang hinauf, woher die Sauen gekommen waren. Pirschzeichen hatte ich jedoch immer noch nicht, nur die Art, wie intensiv die Hündin suchte, verriet mir, dass sie eine Wundfährte arbeitete.

Wir hatten vielleicht dreißig Meter gesucht, da wurde ich zurückgerufen. „Die Sauen sind alle den Hang runter", wollte mir einer der Richter helfen. Ich hatte mir diese Angabe des Schützen aber auch merken können. Man riet mir, Maud unterhalb des Anschusses anzusetzen. Das gab ja auch Sinn. Nur zeigte sie keinerlei Interesse an den Fährten. „Die Hündin arbeitet keine Gesundfährten", sagte ich, und dass bei diesen Fährten keine kranke Sau wäre. Ich hatte reichlich Zeit investiert, bis ich sie soweit hatte und mich fest auf sie verlassen konnte.

An diesem Punkt gingen nun die Meinung der Richter und meine über die weitere Vorgehensweise dieser Nachsuche auseinander. Ich wurde gebeten, die Nachsuche in Fluchtrichtung der Rotte fortzuführen. Heiliger Hubertus, warum glaubt mir hier niemand? Da ich aber nicht Häuptling, sondern nur Indianer war, gehorchte ich brav und lobte Maud voran. Nachdem ich sie ein paar Mal ermuntert hatte, den Fährten zu folgen, tat sie dies auch. Was mochte sie jetzt von mir denken, dass ich sie Gesundfährten arbeiten ließ, die sie normalerweise nicht arbeiten sollte. Ich würde später Abbitte leisten müssen. Sehr zügig kamen wir voran und ich glaube, die Richter kamen gehörig ins Schwitzen. Teilen sie uns bitte mit, wenn sie Schweiß finden, wurde ich gebeten. Die Richter waren wirklich sehr höflich zu mir. Da es hier aber keinen Schweiß zu finden gab, hatte ich nicht einmal danach gesucht.

Nachdem wir vielleicht eine halbe Stunde den Fährten gefolgt waren und die Herren hinter mir noch keine Bestätigung gefunden hatten, dass wir auf einer Krankfährte waren, kamen ihnen Zweifel. Einer der Richter fragte: „Glauben sie, dass sie noch richtig sind?“ „Wir waren hier noch nie richtig!“ „Was wollen sie jetzt machen?“ „Abbrechen, zurück zum Anschuss und die Wundfährte den Hang hoch weiter arbeiten!“ Na endlich!

„Komm Maud, hast ja recht, alles gesunde Schweinies, den ganzen Weg umsonst gemacht!“ Ich hoffte, dass die Richter das gehört hatten.

Wir gingen zurück zum Anschuss und dort berichtete uns ein Jäger, dass Treiber in der Dickung oberhalb des Anschusses einen Überläufer mit Weidwundschuss abgefangen hätten.

Die Sau hatte auf den Schuss hin vom Schützen unbemerkt kehrtgemacht und war zurück in die Dickung, wo sie hergekommen war.

Nach diesen Erkenntnissen nahm mich einer der Richter beiseite und bat mich, da bitte kein „dickes Ding“ draus zu machen. Die Befürchtung war allerdings unbegründet. Für das Verhalten der Richter hatte ich volles Verständnis. Selbst Richter sind halt manchmal nur ganz normale Menschen und können sich mal irren. Das sollte man ihnen auch zugestehen. Sie hatten den Angaben des Schützen vertraut, ich jedoch aus gutem Grund meinem Hund. Damit war die Sache für mich erledigt.

Es standen noch weitere Nachsuchen in diesem herrlichen Revier an. Maud bekam noch eine Hauptprüfungsarbeit auf ein Rotalttier, das nach sicherer Riemenarbeit und Hetze zur Strecke kam.

Anlässlich dieser Jagd gab es noch eine alltägliche Nachsuche mit nicht alltäglichem Ausgang.

Ein Nachsuchengespann sollte einen weidwunden Frischling arbeiten, der sich schon kurz nach dem Anschuss ein Stück Darm des kleinen Gescheides herausgetreten hatte. Wenn man großes Glück hat, reicht eine solche Nachsuche auf einer Hauptprüfung für einen dritten Preis, da die Riemenarbeit meist wegen zu geringer Länge und Schwierigkeit keinen Spielraum zu höheren Weihen hergibt.

Das Gespann kam nicht an die Sau heran. So bekam ein weiterer Führer mit seinem Hund Gelegenheit, diesen Frischling nachzusuchen. Auch sie fanden ihn nicht. Jetzt musste ein erfahrener, ortsansässiger Führer versuchen, das Stück zur Strecke zu bringen. Es gelang auch diesem nicht.

Da ich mit meiner Prüfung fertig war, bot ich an, es auch noch einmal zu versuchen, es gab ja nichts mehr zu verlieren. Leider bekam ich keine Gelegenheit mehr dazu. Die Nachsuche sei ausgereizt, hieß es von den Richtern.

Ich gestehe, dass ich mich mit dieser Beurteilung schwergetan habe. Die Witterungsbedingungen waren gut und es handelte sich um eine normale Übernachtfährte.

Maud war es von den meisten ihrer Einsätze gewohnt, dass bei einer Krankfährte auch die Spur anderer Hunde und Menschen standen. Sie hatte da kaum Probleme mit. War ein krankes Stück nicht mehr bei der Rotte, machte sie einfach kehrt und suchte die Hinfährte zurück, bis sie den Abgang gefunden hatte. In der Regel war das innerhalb von dreißig Metern. Mit zunehmender Erfahrung hatte sie es sich abgewöhnt, einen Abgang durch Bogenschlagen zu finden. Ist die Klippe geknackt, an der sich ein krankes Stück abgesondert hat, ist man ja auf einer jungfräulichen Fährte und hat meist keine Schwierigkeiten mehr bis zum Stück.

Sicher waren die drei Hunde daran gescheitert, dass sie den Abgang der schwerkranken Sau überlaufen haben und der Rottenfährte gefolgt sind.

Wie man an diesem Beispiel sieht, können im Ausnahmefall auch solche Nachsuchen extrem schwierig sein, besonders nach Bewegungsjagden mit sehr viel Wildbewegung.

Bei dieser Jagd gab es noch einen schweren Unfall. Ein Treiber war von einem Rothirsch überrannt und von dessen Geweih so schwer am Kopf verletzt worden, dass er in einem Krankenhaus notoperiert werden musste.

Verludert

Ein geringer Muffelwidder, ein „Einwachser“, war spitz von vorne beschossen worden. Er stand stets mit fünf stärkeren Widdern zusammen.

Die Untersuchung des Anschusses ergab, dass die Kugel nicht auf dem Stich saß, sondern einen Streifschuss an seiner rechten Seite hinterlassen hatte. Eine Hand voll Schnitthaaren verriet das.

Nach längerer Riemenarbeit wollte Hera geschnallt werden. Die Hetze blieb erfolglos. Der Schütze sowie der befreundeter Berufsjäger Ulf Muuß und ich brachen die Suche daraufhin ab.

Einige Wochen blieb der Widder verschwunden, dann stand er auf einmal wieder bei seinen fünf Artgenossen. Es schien, dass er noch mal Glück gehabt und die Verletzung gut überstanden hatte.

Ein paar Monate später wurde er leider verludert gefunden. Möglicherweise war er doch an den Spätfolgen des Schusses verendet. Allerdings kommen auch andere Möglichkeiten in Betracht. Leider waren diese nicht mehr festzustellen.

Klar: Krellschuss

Ein Jagdgast hatte im Bundesforst abends in einer Suhle bei noch gutem Licht einen einzelnen Überläuferkeiler beschossen. Der zuständige Revierbeamte Jupp Feld saß neben ihm. Auf den Schuss hin war die Sau blitzartig zusammengebrochen und hatte etwa 30 Sekunden auf der Seite gelegen und geschlegelt. Dann versuchte sie, wieder auf die Läufe zu kommen. Dabei hatte sie sich zwei Meter durch die Suhle geschoben, was am nächsten Morgen gut zu erkennen war. Schweiß und Schnittborsten fand ich am Anschuss nicht. Der Schuss stand ja ohnehin fest: Krellschuss. So suchte ich auch nicht länger nach Pirschzeichen.

Während der Riemenarbeit hatte ich keine Schweißbestätigung, aber das sichere Gefühl, richtig zu sein.

Wir kamen an eine Sau und es gab eine lange, erfolglose Hetze. Danach brachen wir die Suche ab.

Das Keilerchen war schon länger bekannt. Daher rechnete ich mir gute Chancen aus, dass es wiederkommen würde.

Ein paar Tage später ging ich gegen Mittag zur Suhle, um etwas Mais nachzulegen. Mein Plan war, mich einmal um die erfolglos nachgesuchte Sau zu kümmern. Gerade saß ich auf dem Hochsitz, um noch ein paar störende Äste zu beschneiden, da kam ein Überläufer aus der Dickung, schnurstracks zog er zur Kirrung.

Aller Wahrscheinlichkeit nach war das die nachgesuchte Sau und ich schoss sie. Der vermutete Krellschuss entpuppte sich als ganz leichter Streifschuss am Vorderlauf. Die Verletzung an der Muskulatur war nicht größer als eine halbe Haselnuss, schon trocken und gut verschorft, sie eiterte nicht einmal.

Dass die Sau mit dieser leichten Verletzung wie bei einem Krellschuss gezeichnet und umgefallen war, kann meines Erachtens nur auf einen Schock zurückgeführt werden.

Weidwund?

In der Brunft wurde im Sauerland morgens ein Rothirsch beschossen. Nach den Schilderungen des Schützen hatte sich Folgendes ereignet:

Beim Angehen zum Hochsitz stand der Hirsch schon mit fünf Stück Kahlwild auf einer Schneise. Der Jäger pirschte vorsichtig bis zur Leiter, legte auf einer Sprosse auf und schoss auf etwa 80 Meter. Der Hirsch hätte mit dem Haupt nach rechts gestanden, er wäre auch nach rechts im Bestand verschwunden, gefolgt von seinen Damen, so der Schütze. Zwei Stück Kahlwild hätten wohl noch im hohen Gras gesessen, die er vorher nicht gesehen hätte. Diese seien aber nach links abgesprungen.

Da der Jäger überzeugt war, gut abgekommen zu sein, fuhr er nach Hause, holte seinen Hund und suchte zwei Stunden später nach. Dieser arbeitete die beobachtete Fluchtfährte nach rechts. Nach 400 Metern wäre der Hirsch schwerfällig aus dem Wundbett hoch geworden. Schweißbestätigung hatte er nicht gehabt, auch nicht im Wundbett. Geschnallt hatte er seinen Hund nicht.

Nach dieser Schilderung vermutete ich einen Weidwundschuss ohne Ausschuss.

Am Anschuss fand ich einige Schnitthaare, die auf einen guten Körpertreffer hindeuteten, aber keinen Schweiß. Vom Anschuss wollte Maud nach links, wohin die beiden gesunden Stücke abgesprungen waren. Alles stinkt nach Wild, die Fährten sind zu frisch, dachte ich. Ich nahm die Hündin zurück und suchte am rechten Rand vorhin. Lustlos und nur auf gutes Zureden folgte Maud der Fährte, die der Hund vor ihr gearbeitet hatte, bis zum „Wundbett“. Auch daran hatte sie kein Interesse, undenkbar bei einem kranken Hirsch.

Wir gingen zurück zum Anschuss. Erneut angesetzt, zog sie wieder nach links von der Schneise, wie bei dem ersten von mir abgebrochenen Versuch. Nach 80 Metern lag der Hirsch mit Lungenschuss. Hätte ich gleich meinem Hund vertraut, wäre die Suche nach fünf Minuten erledigt gewesen. Die Angaben des Schützen waren aber sehr überzeugend und glaubhaft.

Der Jäger hatte keine Erklärung, wie er die Abläufe so falsch hatte beurteilen können, ich auch nicht.

Gut gekreist

Bei 30 Zentimeter Neuschnee hatte ein Jagdgast einen Frischling weidwund geschossen. Am nächsten Morgen war der zuständige Förster mit dem Schützen etwa 300 Meter der Fährte mit Schweißbestätigung bis in eine Ilexpartie von etwa fünfzig Quadratmetern Größe gefolgt, da man davon ausging, diese im Schnee bis zur toten Sau halten zu können. Die Fährte stand dort hinein, durch Kreisen hatten der Förster und der Schütze festgestellt, dass sie aber nicht wieder aus dem Ilex heraus war.

Da sie das Säuchen nicht fanden, baten sie um eine Nachsuche.

„Sie ist nicht im Ilex, wir haben dort alles abgesucht", sagte der Förster. Da konnte der Frischling eigentlich nur auf einem Baum sitzen.

Meine Frau und ich fuhren mit unserem Hund ins Revier. Nach einer Riemenlänge lag der Frischling am Rand des Ilex.

Die Sache war dem Förster ein wenig peinlich, aber schließlich mussten alle lachen.

Zu deren Ehrenrettung muss man sagen, dass der Wutz vollkommen zugeschneit und nicht zu sehen war.

Hohlschüsse

Gibt es überhaupt Hohlschüsse? Darüber gehen die Meinungen immer noch auseinander. Ich selbst habe zwei erlebt.

Im Eifelrevier meines Vetters hatte ich mit Bredas bis zum Dunkelwerden einen Rothirsch mit einem markanten Geweih nachgesucht, wir waren aber nicht herangekommen. Beschossen wurde er mit Kal. 9,3 x 64 TUG. Es schien uns nicht erfolgversprechend, die Nachsuche am nächsten Tag fortzusetzen. Schweißbestätigung hatten wir auch schon lange nicht mehr. Ich kann mich nicht mehr daran erinnern, ob wir den Anschuss gefunden hatten oder der Schütze Angaben über das Fluchtverhalten oder Zeichnen des Hirsches machen konnte. Schriftliche Notizen von lange zurückliegenden Nachsuchen habe ich nicht und mein Erinnerungsvermögen ist löcherig wie ein Schweizer Käse. Jedenfalls bekam ich später einen Anruf, dass dieser Hirsch drei Wochen nach der Nachsuche in der Brunft, an der er sich rege beteiligt hatte, in Ormont, zehn Kilometer vom Anschuss entfernt, geschossen wurde. Der Schuss meines Vetters saß unter der Wirbelsäule unmittelbar hinter den Blättern.

Der Hirsch hatte Ausschuss, die Verletzung war nach Angaben des Jägers gut verheilt.

Einen Hohlschuss auf einen Überläufer habe ich leider selbst verursacht.

Eine Sau war irgendwie in einen mehrere Hektar großen eingezäunten Maisschlag geraten und sollte unbedingt geschossen werden. Nach einigen vergeblichen Ansitzen, bei denen ich seit über zwanzig Jahren den ersten Dachs in diesem Revier beobachten konnte, kam ich abends zu Schuss. Mein Sohn, etwa zehn Jahre alt, begleitete mich. Im Schuss brach die Sau zusammen. „Jetzt ist sie tot“, sagte er, und dann:„Jetzt ist sie weg!“

Die Schussentfernung betrug nur 40 Meter. Es war warm, daher sollte die Sau unbedingt am Anschuss liegen, um nicht am nächsten Tag verhitzt zu sein. Deshalb hatte ich hoch Blatt angehalten. Normalerweise ist das die Garantie, dass ein Stück im Schuss verendet. Den Wildbretverlust eines solchen Schusses wollte ich in diesem Fall in Kauf nehmen.

Aber diese Sau war weg, ich konnte es nicht fassen. Sie hatte gezeichnet wie bei einem Krellschuss, vielleicht 10 Sekunden gelegen und war dann im Maisdickicht verschwunden. Ich wartete eine Stunde und ging zum Anschuss, den ich auf den Zentimeter genau bestimmen konnte. Im Schein der Taschenlampe fand ich etwas Schweiß und eine Rutschspur, wie bei einem Krellschuss. Beim Schuss war ich ganz ruhig, die Sau stand scheibenbreit und ich war gut abgekommen.

Fest stand jedenfalls, an diesem Abend konnten wir nichts mehr machen. Es wurde eine Nacht mit wenig Schlaf.

Beim ersten Tageslicht traf ich mich mit dem Förster Emil Brocher am Anschuss. Dem Zeichnen nach hatte die Sau einen Krellschuss. Wir fanden aber keine Kammborsten, die dieses bestätigten.

Die Riemenarbeit mit Bessie ging kreuz und quer durch den Mais, immer wieder am Zaun entlang, hin und her. Die Sau hatte mehrmals versucht, dort ein Loch zu finden und aus dem Maisschlag herauszukommen. Es schien so, als sei ihr das nicht gelungen. Sie musste also drinnen sein und noch leben. Weiter ging es mit Riemenarbeit durch den Mais hinter der Sau her. Schweißbestätigung hatten wir ohnehin nur auf den ersten paar Metern gehabt. Dann zeigte die Hündin an, dass sie geschnallt werden wollte. Das tat ich, sofort gab sie Hetzlaut. Entlang des Gatterzaunes war ein schmaler Streifen, der nicht mit Mais, sondern dicht mit Gesträuch bewachsen war, überwiegend Ginster und Brombeere. So schnell ich konnte, kämpfte ich mich durch den Mais an eine Stelle, wo ich einige

Meter Schussfeld hatte. Vermutlich lief die vom Hund verfolgte Sau ja am Zaun entlang. Es schien nur eine Frage der Zeit, wann sie bei mir vorbeikäme. So war es, der Hetzlaut kam auf mich zu. Für einen Augenblick sah ich die Sau. Sie kam mir auf 10 Meter, war im nächsten Moment in dem dichten Gestrüpp verschwunden und hatte ungefähr zwanzig Meter Vorsprung vor dem Hund. Auf dem kurzen Stück, wo ich sie frei hatte, war ich nicht fertig geworden, war aber mit der Waffe mitgefahren und hatte auf wenige Meter Schussdistanz durch die „Braken" geschossen, obwohl ich die Sau nicht mehr sehen konnte. Am anderen Ende des Bewuchses kam sie nicht mehr heraus, die Sau lag. Ich zog sie heraus und untersuchte sie. Beide Schüsse, der vom Vorabend und der Fangschuss, saßen nur einige Zentimeter untereinander, der erste unterhalb der Wirbelsäule unmittelbar hinter dem Blatt, der zweite hatte ihr das Rückgrat zertrümmert. Vom Vorabend hatte sie einen glatten Durchschuss, keine Rippe war verletzt. Der Ausschuss war nicht viel größer als der eines Vollmantelgeschosses. Verschossen hatte ich Kaliber 8x57 Remington, einem Tombak-Mantelgeschoss. Mit einem Teilmantel-Rundkopf-Geschoss wäre die Sau möglicherweise schnell verendet.

Während der Förster seinen Anhänger holte, saß ich neben der Sau und wartete. Inzwischen war es recht warm geworden. Ich beobachtete, wie Schmeißfliegen wie die Geier einfielen und sich auf der Sau niederließen. Interessant war, dass sie nur auf den älteren Ausschuss flogen. Für die frische Schussverletzung zeigte keine der Fliegen Interesse. Es schien so, als ob der erste Schuss keinen größeren Schaden bei dem Überläufer angerichtet hatte.

Ob er bei den sommerlichen Temperaturen doch noch Probleme bekommen hätte, darüber kann man nur spekulieren.

Altkrank

Im Bundesforst war von einem Jagdgast auf einer Wildwiese ein Stück Rotwild beschossen worden. Ich fand keinen Anschuss, und Bessie zeigte keinerlei Interesse. Offensichtlich hatte der Jäger den Tatterich und gefehlt.

Zur Vorsicht ließ ich die Hündin aber am Waldrand vorhinsuchen. Bald folgte sie einer Fährte ohne Schweiß. Nach 300 Metern brach ein Stück Rotwild im Farn vor uns weg. Es hatte uns nahe herankommen lassen, gesehen hatte ich es aber nicht.

Ich schnallte die Hündin und nach 200 Metern stellte sie das Stück, unmittelbar neben einer viel befahrenen Straße, die Wild und Hund noch überquert hatten, eine Situation, die verdammt schädlich für die Nerven ist. Ich hätte so nahe an der Straße nicht schnallen dürfen, sondern weiter mit Riemenarbeit und Vorstehschützen versuchen müssen, das Stück zu bekommen.

Es war ein sehr betagtes Alttier mit einer alten Laufverletzung durch einen Verkehrsunfall.

Der Förster Jupp Feld kannte das Stück schon mehrere Jahre. Nach seiner Aussage hatte es trotz – oder wegen – seiner Behinderung noch jedes Jahr geführt.

Diese Nachsuche war wieder ein Beweis, welche Anziehungskraft altkrankes Wild auf unsere Hunde hat. Da die Verletzung lange zurücklag und vollkommen ausgeheilt war, konnte das Wildbret verwertet werden. Das eigentlich beschossene Stück war gefehlt.

Im Nachbarrevier des Bundesforstes war nachts ein Frischling beschossen worden. Nach Untersuchen des Anschusses vermutete ich einen leichten Streifschuss am Vorderlauf. Nach 200 Metern war die Sau durch ein Loch des Zaunes, der Wald und Straße zur Vermeidung von Wildunfällen trennen sollte. Die Sauen schafften es aber gelegentlich, diese Absicht zunichte zu machen. Nun befanden wir uns auf dem Gelände des Truppenübungsplatzes und suchten weiter. Bald jedoch zeigte mir Hera an, dass sie wenig Gefallen an der Sache hatte. Das deckte sich mit meiner Einschätzung und ich brach die Suche ab.

Auf dem Rückweg zum Auto interessierte sich die Hündin auf einmal sehr für eine Fährte und wollte dieser unbedingt folgen. Nach gut einem halben Kilometer kamen wir an einen Überläufer, der schwerfällig aus seinem Kessel hoch wurde und sich nach kurzer Hetze stellte. Der Fangschuss erlöste diese arme Kreatur, auf deren Fährte wir durch reinen Zufall gestoßen waren. Die Sau hatte eine alte, eitrige Verletzung am Hinterlauf.

Ob diese Verletzung von einem Verkehrsunfall herrührte oder die verirrte Kugel eines leichtsinnigen Jägers war, mochte ich nicht weiter untersuchen. Dieses Stück konnte natürlich nicht mehr verwertet werden und musste entsorgt werden.

Wieder einmal zeigte sich das Interesse unserer Hunde an altkrankem Wild. Bei einer Nachsuche zur rechten Zeit wäre dem Stück viel Leid erspart geblieben.

Nachts wurde ein Überläufer auf kurze Entfernung beschossen. Bei der Nachsuche am nächsten Tag deutete der Anschuss auf einen Streifschuss am Vorderlauf hin. Die Suche wurde nach zwei Kilometern abgebrochen, da sie nicht erfolgversprechend schien.

Geschossen hatte einer der Jäger, der nach schlechtem Schuss nicht ruhig schlafen kann und sich Gedanken darüber macht, dass ein verunglückter Schuss für ein Stück Wild eine Katastrophe bedeuten kann.

Eine Woche später wurde der Überläufer an gleicher Stelle von einem anderen Jäger erlegt. Die Verletzung am hohen Vorderlauf war etwa zehn Zentimeter lang und fingerdick. Auch dieses Stück wurde nicht mehr verwertet, da die Wunde noch eiterte. Nach meinem

Hygieneverständnis ist Wild, das alte, nicht vollkommen ausgeheilte Verletzungen aufweist und noch eitert, grundsätzlich zu verwerfen. Es ist nicht damit getan, einfach nur den Eiterherd oder bei einem Laufschuss ein Blatt herauszuschneiden. Die Keime sind überall. In den Handel gehören diese Stücke jedenfalls nicht! Wer sie für sich selbst verwerten mag: guten Appetit!

Kannibalen

Beim Morgenansitz hatte ich zwei Jungfüchse mit dem Kleinkaliber 22 Magnum beschossen. Sie waren im nahen Farn verschwunden. Die Anschüsse lagen dicht beieinander.

Zwei Stunden später baumte ich ab, um nachzusehen, was ich angestellt hatte.

Zehn Meter vor mir sah ich, wie sich der Farn bewegte und hörte Fressgeräusche. Spontan dachte ich an Sauen, doch es schienen Laute von Füchsen zu sein.

Ein paar Minuten hörte ich mir das an. Dann wurde es ruhig und ich sah nach, was da los war. Beide Füchse lagen im Abstand von zwei Metern beieinander. Sie waren regelrecht skelettiert. Alles Fleisch war sauber abgenagt, aber keine Knochen angeknabbert.

Kannibalismus bei Füchsen kannte ich bis dahin nicht.

Oder wer kommt sonst als Täter infrage?

Der Geschossene

Meine Frau erreichte mich über Handy beim Nachtansitz auf Sauen. „Horst hat angerufen, du sollst sofort kommen. Ein Gast hat einen Hirsch geschossen, sie finden ihn aber nicht!" „Du meinst sicher, der Gast hat einen Hirsch beschossen, wenn er ihn geschossen hätte, würde er ja liegen. Schatz, überleg´ mal, ich such´ doch nachts keinen Hirsch nach!"

„Komm jedenfalls sofort nach Hause und ruf Horst an!" Das war ein Befehl, der keine Widerrede zuließ.

Ich packte meine Klamotten zusammen, fuhr heim und rief Horst an. Am Telefon erzählte er mir Folgendes:

Ein Gast hatte den mit Abstand ältesten Hirsch des Forstamtes beschossen. Der Jäger hatte seinen Hund dabei, eine Bracke, den Hirsch nachgesucht und auch bald gefunden. Er brach ihn auf, und weil er nicht wollte, dass sich die Sauen an ihm satt machten, hatte er noch seinen Lodenmantel über die Beute gelegt und war zum Forsthaus gegangen. Darüber war es Nacht geworden. Nun wollten sie den Hirsch bergen. Mit mehreren Jägern hatten sie über drei Stunden gesucht, den Hirsch aber nicht wiedergefunden. Auch ein Traktor war wegen der besseren Beleuchtung im Einsatz. „Der Schütze ist ganz von der Rolle, der weiß überhaupt nicht mehr, wo er hingeschossen hat", meinte Freund Horst.

„Nehmt doch die Bracke an den Strick, die zeigt euch, wo der Hirsch liegt", riet ich. „Haben wir alles schon versucht, die geht nicht mehr!"

„Ich komme, stell´ aber schon mal ein Bier kalt!"

Inzwischen war Mitternacht längst vorbei. Hund und Taschenlampe kamen ins Auto, meine Waffe brauchte ich unter diesen Umständen ja nicht, und ab ging es in den Wald. Einen bereits aufgebrochenen Hirsch hatte ich auch noch nicht nachgesucht.

Der Schütze und ich kletterten auf den Hochsitz, von dem er geschossen hatte. Mit dem Schein der Taschenlampe deutete er in die Richtung, wo der Hirsch seiner Meinung nach liegen müsste. Mit Hera an der Leine folgten wir dem Lichtkegel. Bald hatten wir ihn gefunden. Er lag lediglich 50 Meter weiter als man gesucht hatte.

Nach dem Bergen gab es noch reichlich Bier und es wurde kräftig herumgefrotzelt.

In Hochsitznähe

Ein 80 kg schwerer Keiler wurde weidwund geschossen.

Nach etwa einem Kilometer Riemenarbeit fanden wir ihn verendet, 20 Meter hinter dem Hochsitz, von dem er beschossen wurde.

Dies war wohl sehr ungewöhnlich und ich habe nicht noch einmal erlebt, dass ein Stück Schwarzwild nach einer längeren Riemenarbeit dahin zurückwechselte, wo es beschossen wurde.

Eine Erklärung ist sicher, dass der Keiler in einem Waldgebiet lebte, das rundherum ziemlich dicht bebaut war. Es war wohl seit Jahren seine Heimat, die er nicht verlassen wollte.

Die Fährte verlief meistens am äußersten Rand des Bestandes, kein einziges Mal hatte er den Wald verlassen. Für einen Keiler war das ein sehr bescheidener Lebensraum.

Wäre er „auf Strecke“ gegangen, wie bei Schwarzwild üblich, hätte er einige hundert Meter über Wiesen und Felder sowie durch die Bebauung hindurch gemusst.

Kirrung

Nachts hatte ein Jäger an der Kirrung eine Sau beschossen. Sie lag am Anschuss. Es lag eine dünne Schneedecke, was den Schuss sicher erleichtert hat. Beim Nachkirren am nächsten Tag stellte der Jäger fest, dass eine zweite Sau krank war. Er versuchte, die Sau mit seinem Hund zu finden, kam aber irgendwann nicht mehr weiter. Eva, Rüdiger Hüber und ich suchten mit deren Hündin Kessy nach und fanden sie mit Weidwundschuss. Auf dem Rückweg zu den Autos fiel uns noch eine Schweißfährte auf, die ebenfalls von besagter Kirrung zu kommen schien. Diese Sau bekamen wir nicht. Ohne Schnee wären die beiden Wundfährten nie bemerkt worden.

Die Kirrung war so angelegt wie leider die meisten: Anstatt die Bohrlöcher nebeneinander zu legen, waren sie versetzt hintereinander angelegt. Zur Verfeinerung war sie auch noch von mehreren Drähten umgeben, die einem Geschoss im Wege sein konnten.

Das System scheint unausrottbar in den Köpfen vieler Jäger zu stecken. Die Jungen lernen es von ihren Vätern, und Opa hat es auch schon so gemacht.

Hat ein Jäger Nachwuchs gezeugt, der sich für die Jagd interessiert, wird er ihn sicher nach bestandener Jägerprüfung eines Tages beiseite nehmen und sagen: „Junge, ich muss mal unbedingt mit dir reden!“ Er wird ihn allerdings nicht über Verhütung aufklären wollen, weil der sich gerade eine süße kleine Freundin zugelegt hat, sondern ihm vielmehr das Geheimnis verraten, wie man sich die nächtliche Jagd auf Sauen erschweren und Nachsuchen produzieren kann.

Sicher ein Dutzendmal konnte ich am Anschuss feststellen, dass bei unsachgemäß angelegter Kirrung ein zweites Stück ebenfalls Schuss hatte. Ich bin mir sicher, dass es eine sehr hohe Dunkelziffer gibt.

Bei einem Fall aus jüngster Vergangenheit kamen durch einen Schuss gleich vier Sauen zur Strecke. Zwei lagen am Anschuss und zwei wurden noch bei der Nachsuche gefunden.

Leider sind manche Jäger beratungsresistent, wenn man sie auf die Probleme hinweist. Dagegen ist dann kein Kraut gewachsen.

Schlechte Nachbarn

Unser ehemaliger Jagdaufseher Peter Leinen, Landwirt, Bürgermeister und hervorragender Kugelschütze, hatte nachts auf Schinscheid eine starke Sau beschossen. Er suchte 100 Meter bis zur Reviergrenze nach und brach die Suche ab, um am nächsten Morgen den Pächter des Nachbarreviers zu verständigen. Als er dort ankam, fand er eine Runde Jäger vor, die die Erlegung eines reifen Keilers feierten. Sie hatten nachts angesessen, einem von ihnen war der Keiler nicht weit von dem ersten Anschuss entfernt gekommen und er hatte ihn erlegt.

Es war die Sau, die der Jagdhüter beschossen hatte.

Nach dessen Schilderung saß sein Schuss mit der 8 x 57 TR etwas weit hinten. Bei der Fortsetzung der Nachsuche am nächsten Tag wäre sie sicher zur Strecke gekommen.

Der Schütze hatte angeblich weder vor dem Schuss noch beim Aufbrechen bemerkt, dass der Keiler schwer krank war. Die Waffen dieses Keilers hat er jedenfalls nicht herausgerückt.

Kameradschaft unter Jagdnachbarn sieht anders aus!

Hunger

Mit meinem Enkelkind Daniel, acht Jahre alt, fuhr ich zu einem Jagdfreund in die Eifel. Wir wollten ein oder zwei Tage nur unter Männern jagen, auf dem Hochsitz übernachten und nur essen, was wir erlegten. Darauf legte er größten Wert.

Ich hatte ihm erzählt, dass wir das in meiner Jugend so gemacht hatten, wenn wir mit Tante, Onkel und Vetter auf der Hütte waren. Als Notverpflegung hatte ich uns aber doch vorsorglich ein paar Koteletts – ich sagte Daniel, sie wären von einem Riesenwolfskäfer „Lupus gigantis“-, Äpfel, Kekse und Getränke eingepackt.

Schon bei unserem ersten Halt ging ich an die Vorräte. Daniel blieb hart und aß nichts, fragte aber: „Opa, ist das Kotelett wirklich von einem Lupus gigantis“?

Es fiel mir nicht leicht, bei der Bejahung dieser Frage ernst zu bleiben.

„Was soll ich uns denn heute zum Essen schießen, ein Häschen, eine Taube, eine Krähe, einen Frischling oder vielleicht ein Reh?“ Wir einigten uns auf eine Taube, die wir auf dem offenen Feuer braten wollten. Die anderen Tiere taten ihm alle zu leid. „Nein, nicht ein so liebes Häschen oder so ein schönes Reh!“ Krähe, so glaubte er, mochte er nicht.

Wir schlichen durchs Revier und bemühten uns, eine Taube zu erlegen, es gelang mir nicht. Wir sahen zwei Hasen, aber die durfte ich ja nicht schießen. Es war auch Schonzeit, aber das wusste er ja nicht.

Ich verspeiste genüsslich das nächste Kotelett und animierte Daniel, auch etwas zu essen. Der Junge musste doch Hunger haben. „Nein, nur wenn wir etwas schießen!“

Es wurde dämmrig und wir richteten uns auf der Kanzel „auf Ginster“ ein. Ich erklärte ihm, dass bis morgen früh nicht mehr mit

Tauben zu rechnen sei und ob er nicht vielleicht doch.... „Opa, du brauchst gar nicht weiterreden, ich esse nichts!“

Die Zeit verging. Auf dem Wildacker trat eine Ricke mit ihrem Kitz aus. „Soll ich nicht das Kitz schießen, dann haben wir was zu essen“, fragte ich. „Nein, nicht das schöne Kitz“, kam die Antwort. Etwas später erschien ein Alttier mit ihrem Kalb. Daniel: „Opa, schieß!“ Ich fragte leise: „Soll ich das Kind von der Mutter oder die Mutter von dem Kind schießen?“ „Ist mir ganz egal, nur schieß endlich, ich hab ehrlich Hunger!“

Vorsichtig schob ich mein KK-Gewehr aus dem Kanzelfenster und tat, als würde ich schießen. Ich zielte sehr sorgfältig und sagte dann leise: „Peng!“ „Du hast gar nicht geschossen, Opa, ich kann mich nicht auf dich verlassen!“

Trotz Hunger aß er aber immer noch nichts von unserer Notverpflegung, obschon ich ihm mit gutem Beispiel voranging. Die Nacht verbrachten wir auf der Kanzel. Sie ist geräumig und bequem genug, dass man auch zu zweit ein paar Stunden Schlaf finden kann.

Leider haben wir auch am Morgen keine Taube bekommen und versuchten es noch auf Krähen. Daniel hätte inzwischen alles gegessen, auch Krähen, Hasen und Rehe.

Mittags fuhren wir wieder nach Hause, und ich gab Daniel wieder bei meiner Tochter ab. Später sagte sie, ihr Sohn wäre sehr übellaunig gewesen, und so etwas sollten wir ja nicht noch einmal machen! (Machen wir aber trotzdem wieder oder eben etwas anderes!)

Wie das Leben so spielt, haben sich die Dinge leider verändert. Unsere Tochter ist verstorben, Daniel lebt in Amerika bei seinem Vater und wir sehen ihn höchstens zweimal im Jahr.

Daniels Bruder David, zu dieser Zeit 16 Jahre alt, wollte auch mal mit in die Eifel zum Abendansitz. Meine Frau packte uns einiges an Marschverpflegung ein, für David Nutellabrote, sein Grundnahrungsmittel. Noch bei gutem Tageslicht bezogen wir unsere Kanzel auf Dittscheid, richteten uns gemütlich ein und unterhielten uns über Dinge, die einen Jungen in seinem Alter interessieren: „Opa, wie findest du Sido?“ „Bitte wen, was?“ „Sido!“ „Hört sich nach einem Haushaltsreiniger an“. „Opa, ich meine Sido, den Rapper“. „Tut mir leid, nie gehört, keine Ahnung“.

David sah meine Unkenntnis als große Bildungslücke an.

„Wie findest du Kickboxen?“ Er erzählte von seiner Schule, seinen beruflichen Interessen. David will nach der Lehre zur Feuerwehr. Dann kamen noch sehr persönliche Dinge über seinen Vater in Amerika zur Sprache. Die Fragen fielen ihm offensichtlich schwer, genau wie mir die passenden Antworten darauf.

Ein Rudel Rotwild erschien auf der Bildfläche, äste vertraut in der Abendsonne und vertrieb uns die Zeit, aber heute war nicht die Zeit, Beute zu machen, sondern zu reden und natürlich zuzuhören. Als sie weggezogen waren, packten wir unsere Essensvorräte aus. Ich öffnete leise das Kanzelfenster. Zwischen Fenster und Rahmen war es schwarz von Fliegen. Überall krabbelten sie herum und fielen wie betrunken zu Boden. Es war wirklich kein Anblick, der einem Appetit machte. David, in solchen Sachen etwas pingelig, sagte spontan: „Mir ist der Appetit vergangen, ich kann nichts essen!“„Fein, dann kann ich ja deine Brote mitessen!“ Damit war er absolut nicht einverstanden, er hatte Hunger. David schlug vor, außerhalb der Kanzel zu essen. „Das verdirbt uns den ganzen Abendansitz, dafür sind wir doch schließlich hier.“ Das sah er ein.

Ich schlug ihm einen Deal vor: „Ich gebe dir eine Viertelstunde Zeit. Da kannst du überlegen, ob du dein Brot essen willst oder nicht. Hast du es bis dahin nicht gegessen, ist es verloren.“ „Opa, das würdest du nie machen, mir mein Brot wegessen, dazu kenne ich dich viel zu gut“. „Wenn du dich da nicht täuschst, frag´ mal deinen Bruder, der hat sich auch mal falsch entschieden“. Hier bot sich eine gute Gelegenheit für einen Härtetest. Wie würde er sich entscheiden?

Die Viertelstunde war schließlich um, ich nahm mir ein Nutellabrot und aß es auf. Natürlich sah ich genau nach, dass keine Fliegen darauf saßen, die mag ich nämlich auch nicht. David machte große Augen. Das nächste Brot aß ich ebenfalls nach 15 Minuten kommentarlos.

Die beiden letzten Brote aß David selbst. Wie gesagt, er hatte Hunger – und den Härtetest bestanden. Guter Junge!

Auch ohne Beute war es ein gelungener Abendansitz.

David aß gerne Waldhonig, eine Zeit lang noch lieber als Nutella. Die ganze Familie saß am Kaffeetisch und David hatte sich ein Brot geschmiert. „Ich wette, dass ich in weniger als einer Minute dein Waldhonigbrot essen kann“, sagte ich. „Niemals“, sagte er und hielt beide Hände schützend über sein Brot. Mit wenigen Worten erklärte ich ihm, was die Bienen fressen, um damit den leckeren Honig zu gewinnen. Angewidert schob David mir sein Brot rüber und ich aß es genüsslich auf. Seitdem isst er keinen Waldhonig mehr. Ich habe mich noch um Schadensbegrenzung bemüht und gesagt, dass ich das mit den Blattläusen so genau auch nicht wüsste und ich nur Spaß gemacht habe. Es nutzte nichts. Waldhonig steht nicht mehr auf Davids Speiseplan.

Meine Frau fand meine Wette gar nicht lustig und hat mir gehörig die Leviten gelesen.

Ein rabenschwarzer Tag mit Folgen

Der befreundete Berufsjäger und Schweißhundführer Ulf Muuß bat mich um Hilfe bei der Nachsuche auf eine Sau, da seine Hündin heiß war. Zur Unterstützung hatten wir noch den Schweißhundführer Darko Rot dabei.

Es sollte eine Nachsuche mit fatalen Folgen für Hera werden, begleitet von Pech und Fehlentscheidungen.

Am Anschuss fanden wir nur etwas Unterwolle, die wenig über den Sitz der Kugel aussagte. Die Hündin suchte bis zu einem kleinen Fichtenverhau, da wetzte das Keilerchen. Bevor ich die Waffe von der Schulter hatte, war die Sau zwischen meinen Beinen. Ich verlor etwas das Gleichgewicht, ließ die Leine fallen, nahm so schnell es ging die Waffe von der Schulter und repetierte. Offensichtlich schwer krank, sah ich die Sau auf 70 Meter über eine Wiese spitz von mir wegflüchten. Meine beiden Schüsse verfehlten leider ihr Ziel. Hera war mit der Schweißleine freigekommen und hetzte, konnte aber zum Glück von einem meiner Begleiter eingefangen werden. Diese beschossen ebenfalls mehrmals die Sau auf weitere Entfernung, leider auch vorbei.

Inzwischen war ich zu ihnen gelaufen und machte jetzt einen entscheidenden Fehler: Ich schnallte die Hündin – eigentlich die normale Reaktion. Ich hätte allerdings bedenken müssen, dass sie schon über 12 Jahre alt war und bereits eine längere Riemenarbeit und eine Hetze mit der Schweißleine hinter sich hatte. Außerdem war es inzwischen recht warm geworden. Wir hätten alle Zeit der Welt gehabt, die weitere Nachsuche bedächtig anzugehen, hätten der Sau Zeit geben müssen, sich wieder einzuschieben und dem Hund, sich zu erholen. So war Hera schon ziemlich erschöpft hinter dem Keiler her.

Über Telemetrie versuchte ich, Kontakt herzustellen. Es gelang nicht, obwohl wir das Gerät vor Beginn der Nachsuche kontrolliert und neue Batterien eingelegt hatten. Mein Versuch, die Hündin zu finden, in dem ich in die Richtung lief, in der sie hinter der Sau verschwunden war, schlug zunächst fehl. Meine Begleiter fuhren mit dem Wagen herum und suchten, aber nichts, kein Hetzlaut, kein Standlaut, nichts.

Nach einer Stunde fand ich Hera. Stocksteif stand sie in einer Wiese, sie schien unter Schock zu stehen. Als sie mich kommen sah, humpelte sie ein paar Meter auf mich zu. Das sah nicht gut aus. Hera war in der Wiese mit hohem Gras mit der Sau aneinandergeraten, der Kampfplatz verriet es. Überall Schweiß, aber nicht von der Sau. Die hatte der Hündin am Hinterlauf die Sehne durchtrennt und die Keule aufgeschlagen, außerdem noch schwere Verletzungen an der Brust beigebracht. Über Handy erreichte ich meine Begleiter, es dauerte allerdings ziemlich lange, bis sie mich in dem fremden Revier fanden.

Ein Tierarzt in der Nähe, Dr. Bücheler in Engelskirchen, übernahm die Erstversorgung. Er sagte mir aber gleich, dass die Behandlung dieser Verletzung eine Nummer zu groß für ihn sei. Dieses Eingeständnis war sehr hilfreich, ich empfand es als Zeichen menschlicher Größe. Er verwies mich an die Kaiserbergklinik in Duisburg und machte sofort einen Termin aus. Als ich zwei Stunden später dort ankam, wurde ich schon erwartet. Hera wurde noch in der Nacht operiert.

Der Keiler mit etwa einem Zentner Gewicht kam noch am gleichen Tag nach längerer Hetze durch den Bayerischen Gebirgsschweißhund von Ulf Muuß zur Strecke. Der Schuss hatte das Kniegelenk und den Pinsel der Sau verletzt, man kann sich vorstellen, dass beide Verletzungen sehr schmerzhaft waren.

Hera erholte sich von der schweren Operation nur sehr langsam. In ihrem Alter steckt man so etwas nicht mehr so weg wie in der Jugend. Zudem wurde eine zweite Operation in Duisburg fällig. Über mehrere Wochen war sie nahezu täglich bei unserer Haustierärztin

Dr. Berghaus in Refrath zu Gast. Sie behandelte die Hündin liebevoll, fachkundig und hatte erheblichen Anteil daran, dass sie wieder einigermaßen auf die Läufe kam.

Waren wir in der Eifel, übernahm Dr. Kovermann in Rheinbach die Nachbehandlung. Ihm und seiner Frau gebührt daher ebenfalls mein besonderer Dank!

Würde sie aber noch einmal für Riemenarbeiten einsatzfähig werden? An Hetzen war nicht mehr zu denken. Wie würde sie reagieren, wenn sie auf die Fährte einer kranken Sau käme?

Schon bald kam die Gelegenheit, das herauszufinden.

Ein Jäger hatte auf einer Schneise in einem Getreidefeld eine Sau beschossen. Der Anschuss verriet einen Weidwundschuss. Mit dem noch jungen Schweißhund eines Kollegen war die Fährte mit Schweißbestätigung durch das Getreide verfolgt worden. Sie hatten zwar den Auswechsel, wussten allerdings nicht, ob die Sau in den Wald oder zurück ins Getreide war.

Am Anschuss angesetzt machte Hera keinerlei Anstalten, der Fährte zu folgen. Es gab keinen Zweifel, sie hatte Angst. Vor ihr her ging ich die Fährte aus und sie folgte mir. Als wir aus dem Getreide heraus waren, übernahm sie wieder die Führung und suchte im Bestand zügig weiter bis zur toten Sau. Offensichtlich hatte sie ihr Trauma schnell überwunden.

Hera machte noch einige handverlesene Nachsuchen, aber ihre Einsatzmöglichkeit war doch sehr eingeschränkt.

Im Alter von fast 14 Jahren musste ich sie einschläfern lassen, es ging einfach nicht mehr.

Franz Bongartz und ich begruben sie unter einem großen Fichtenwurzelteller im Kottenforst. Das war zwar mit einigem Aufwand verbunden, aber wir wollten unbedingt verhindern, dass Sauen oder Füchse an sie herankamen.

Lange haben meine Frau und ich überlegt, ob wir uns nach Heras Tod noch einmal einen Schweißhund – einen letzten – anschaffen sollten. Wir haben uns dagegen entschieden. Inzwischen hatten Eva und Rüdiger Hüber, die ganz in meiner Nähe wohnen, einen Bayerischen Gebirgsschweißhund – Kessy – angeschafft und für zwei Hunde fällt zu wenig Arbeit an, wenn etwas Ordentliches aus ihnen werden soll. Die Hübers sind meine Nachfolger geworden, ausgestattet mit der richtigen Passion, Einstellung und Jagdverstand für die Sache und haben Mitleid mit mir. Sie geben mir das Gnadenbrot, indem sie mich zu den Nachsuchen mitnehmen und drücken mir den Schweißriemen in die Hand. „Mach du mal!" heißt es dann. So bin ich noch dabei und der Übergang von nachsuchen können zum Enten füttern am See und Kreuzworträtsel lösen geht eher schleichend. So wie die Dinge sind, kann ich gut damit leben. Zwar habe ich keinen eigenen Hund mehr, aber Nachsuchen kann ich trotzdem noch.

Zum Glück machen Läufe, Herz und Lunge noch mit, und sollte es nach einer hoffentlich erfolgreichen Nachsuche etwas zu feiern und zu trinken geben, ist sogar noch auf meine Leber Verlass.

Schwächste Komponente ist der Kopf. Da hat der Schöpfer Sollbruchstellen eingearbeitet, die bisweilen meinen Mitmenschen Probleme im Umgang mit mir bereiten. Meine Frau ist sehr glücklich wie es jetzt läuft (außer der Sache mit dem Kopf), da wir jetzt auch einmal Zeit für andere Dinge haben. Sogar Termine können wir endlich mal verbindlich zusagen. Bin ich einmal verhindert und kann nicht mit zu einer Nachsuche, so bin ich mir sicher: das Gespann Kessy -Hüber macht das schon.

Ein bemerkenswertes Verhalten zeigte Kessy während eines Reviergangs in der Eifel. Eine Ricke kreuzte plötzlich ihren Weg. Kessy, frei laufend, verfolgte sie dreißig Meter. Dann ließ sie ab – das macht sie immer bei gesundem Wild – und arbeitete die Fährte rückwärts bis zu einem Kitz, das sich im Gras drückte und vielleicht einen Tag alt war. Jetzt könnte man meinen, ein Schweißhund würde es augenblicklich tot beißen. Kessy stand vor dem kleinen Kitz und leckte es ab! Das Kitz blieb ruhig liegen und ließ sich die liebevolle Behandlung gefallen.

Die Hündin ließ sich problemlos abrufen und der Reviergang konnte mit einem sicher nicht alltäglichen Erlebnis fortgesetzt werden.

Und noch ein sicher nicht alltägliches Erlebnis mit der Hündin:

Bei einem Reviergang lief Kessy ein Stück voraus und gab auf einmal Standlaut. Sie verbellte einen Jungfuchs. Dieser legte sich wie ein Welpe auf den Rücken. Kessy bewindete ihn von der Nasen- bis zur Rutenspitze und ließ dann ab. Das Füchschen drehte sich auf seine Läufe und zog ohne Eile von dannen.

Interessant war sicher auch ein anderes Verhalten von Kessy:

Bei Reviergängen zu den Winterfütterungen kam Kessy häufig gesundes Rot- und Rehwild in Anblick. Weder für das Wild noch für den Hund war das ein Problem. Man kannte sich. Eines Tages stand bei fünf Stück Rehwild, die regelmäßig die Fütterung aufsuchten, ein sehr schwaches Böckchen. Auf den ersten Blick war auf etwa sechzig Meter zu erkennen, dass es krank war. Kessy, die sonst die Rehe immer ignoriert hatte, hetzte augenblicklich hinter dem Böckchen her und hatte es bald niedergezogen. Es mag 7 Kilo gewogen haben.

Ich denke, dass in unseren Jagdhunden – jedenfalls in manchen – noch Raubtierinstinkte für krankes Wild auch in so einer Situation vorhanden sind. Wolf und Co. wissen sehr genau, bei welchen Stücken sie am ehesten Erfolg haben und sich eine Verfolgung lohnt.

Das zeigt ja auch das Interesse unserer Hunde an altkranken Stücken.

Geld

„Was bekommen sie?“ ist eine Frage, die manchmal nach Beendigung einer Nachsuche gestellt wird. Ich denke, dass die meisten Schweißhundführer es so halten, dass die eigentliche Nachsuche, wie lange sie auch immer gedauert hat, kostenlos ist. Die Fahrtkostenerstattung sollte allerdings vom Schützen angeboten werden, unabhängig davon, ob ein kapitaler Hirsch oder „nur“ ein kleiner Frischling nachgesucht wurde und unabhängig davon, ob die Suche erfolgreich war oder nicht. Ob der Hundeführer diese dann annimmt, wird er von Fall zu Fall entscheiden.

Einige Jäger, die einen Schweißhundführer in Anspruch nehmen, holen eine Flasche Wein, ein Glas Honig oder eine andere Belohnung hervor oder laden zum Essen in die Kneipe ein. Das ist immer eine nette Geste und kommt bestimmt an.

Eine Nachsuche nach ihrem Zeitaufwand wie Leistungen im Berufsleben abrechnen zu wollen, geht nicht, auch wenn es Überlegungen in dieser Richtung gibt. Diese kommen allerdings nicht von den Schweißhundführern. Sehr schnell könnte dann die kaufmännische Rechnung aufgestellt werden, dass sich eine Nachsuche auf ein Reh oder einen schwachen Frischling nicht rechnet, besonders dann nicht, wenn lediglich eine Kontrollsuche ansteht oder das Stück wahrscheinlich nicht zur Strecke kommt.

Solche Gedanken dürfen aus Tierschutzgründen erst gar nicht aufkommen.

Irgendwann ist Schluss

Wann sollte und wann muss man mit Nachsuchen aufhören?

Eine Frage, mit der sich naturgemäß jeder Schweißhundführer beschäftigen muss, wenn er in die Jahre kommt. Den Zeitpunkt, wann man aufhören muss, kann man sicher hinausschieben – wie lange auch immer -, wenn man eng mit einem anderen, jüngeren Schweißhundführer zusammenarbeitet. Ist das nicht der Fall, muss spätestens dann Schluss sein, wenn man einem kranken Stück Wild nicht mehr bis zum Dunkelwerden auf den Fersen – hier Afterklauen – bleiben kann, weil die Kondition nicht mehr reicht oder man sich nicht mehr so quälen kann oder will wie früher. Dadurch dürfen keine Stücke verlorengehen oder einfach „gesundgeschrieben" werden.

Ausschlaggebend kann nicht sein, was man noch gerne leisten möchte, sondern was man noch leisten kann.

Man sollte sich auch Gedanken machen, wenn man nicht mehr in Revieren zur Nachsuche geholt wird, in denen man jahrelang nachgesucht hat. Es spricht sich in Jägerkreisen sehr schnell herum, wenn ein Schweißhundführer einen Hang nur noch mühsam hochkommt und deshalb vielleicht alle paar Meter auffallend lange nach Schweiß sucht. Was bei einem in die Jahre gekommenen Hundeführer an Pausen vertretbar ist und wann es peinlich wird, muss jeder für sich entscheiden. Es gibt einen Zeitpunkt, den man nicht verpassen sollte, wenn man sich nicht seinen guten Ruf zerstören will, vorausgesetzt natürlich, man hatte ihn überhaupt einmal.

In jedem Fall ist es eine schwere Entscheidung, wenn man von einer Sache aus Altersgründen Abschied nehmen muss, die einem ein halbes Leben lang oder länger wichtig war und viel Freude bereitet hat. Es ist schon mit erheblichen Nachteilen verbunden, wenn „es" nicht mehr geht. Neben den Nachsuchen gehen ja auch zwangsläufig freundschaftliche Jagdkontakte verloren und man muss in Zukunft sein „Herrengedeck“ oder Kännchen Kaffee in der Kneipe selbst bezahlen.

Den rechtzeitigen Absprung schafft man sicher leichter, wenn man einen Ersatz gefunden hat, der einen ebenfalls befriedigt und einen tüchtigen und passionierten Nachfolger aufgebaut hat.

Der Neue und der Alte vor dem Einsatz.

Nachwort

Es ist durchaus möglich, dass mancher Jäger denkt: Mensch, das ist ja wie bei mir, das war ja ich. Wenn dem so ist, war es gewollt, und ich hoffe, dass sie dann gut bei der Geschichte wegkommen, wenn nicht, dass sie sich inzwischen gebessert haben, wenn auch das nicht, sollten sie sich zum Wohle des Wildes und aller anständigen Jäger lieber einer anderen Freizeitbeschäftigung widmen.

In erster Linie meine ich damit jene Kunstschützen unter den Jägern, die bewusst die Sauen auf den Kopf oder „hinter den Teller" schießen und damit gedankenlos Gebrech- und Krellschüsse in Kauf nehmen oder bei anderem Wild auf den Träger zielen, obwohl ihnen die Risiken dieser Schüsse bekannt sein müssten.

Jedem Jäger kann einmal ein schlechter Schuss passieren, wie jeder Autofahrer einmal einen Unfall verursachen kann. Auch bei einem verantwortungsvollen Jäger bleibt ein Restrisiko. Um das geht es nicht. Es geht um Leichtsinn, grobe Fahrlässigkeit oder sogar Vorsatz!

Jedem Schweißhundführer werden Fälle unterkommen, die nicht mehr mit Pech zu entschuldigen sind.

Einige Male dachte ich: Das müsste Berthold Münzer sehen, der fände jetzt die richtigen Worte, danach passte dem Mann kein Hut mehr. Bei Frauen habe ich keine schlimmen Dinge erlebt, sie können ihre alten Hüte weitertragen.

Trotzdem muss sich der Jäger darauf verlassen können, dass der Schweißhundführer „dicht" hält und Verfehlungen nicht durch ihn herauskommen. In seltenen Ausnahmefällen kann er aber zu einer Selbstanzeige raten. Sicherlich wird man mit zunehmendem Alter diesen Dingen gegenüber dünnhäutiger.

Manchmal fragt ein Jäger: „Wie lange suchst du eigentlich schon nach und wie viele Stücke hast du nachgesucht und bekommen?"

Die erste Frage kann ich beantworten: Schlabbert man die ersten vier Jahre und betrachtet sie als Lehrzeit – bekanntlich lernt man aber nie aus –, so sind es vierzig Jahre. Die zweite Frage kann ich nicht beantworten. Man muss schon ein sehr passionierter und begnadeter Buchhalter sein, wenn man nach einem anstrengenden Nachsuchentag noch alles fein säuberlich notiert und jede Suche festhält: erfolgreiche erschwerte, kurze Totsuchen – ohne Anrechnen des Weges vom Auto bis zum Anschuss – Fehl- und Kontrollsuchen. Bei der Angabe des geretteten Wildbrets darf man die nicht mehr verwertbaren Stücke – meist durch Verhitzen – nicht mit anrechnen, da diese ja kein gerettetes Wildbret liefern.

Früher hielt man diese Angaben ja noch handschriftlich fest und hatte noch nicht die Möglichkeiten der heutigen Computer.

Ich habe mich zu solcher Buchführung nie aufrappeln können. Mir reicht der Schreibkram fürs Finanzamt. Allenfalls die Berichte der erschwerten Suchen für den „Verein Hirschmann“ sowie die erforderlichen fünfzehn für den Landesjagdverband wurden kurz und knapp dokumentiert, das Nötigste eben. Da ich keine Unterlagen über alle Nachsuchen habe, kann ich auch wenig über die Erfolgsquote sagen. Gefühlsmäßig komme ich aber nicht an die siebzig Prozent plus an erfolgreichen erschwerten Suchen heran, die einige Hundeführer vorweisen können. Dafür war bei mir der Anteil an Kontroll- und Fehlsuchen nach Bewegungsjagden zu hoch.

Ein großes Problem im hiesigen Nachsuchenraum sind zudem die vielen Straßen. Leider müssen wir manche Nachsuche abbrechen und können den Hund nicht zur Hetze schnallen, weil es zu gefährlich wäre – nicht nur für den Hund. Nach drei überfahrenen Hunden überlegt man drei Mal, ob man schnallt. Trotzdem glaube ich, dass wir die Stücke, die zu kriegen waren, bis auf wenige Ausnahmen bekommen haben, mitunter auch unter Mithilfe und Zusammenarbeit mit anderen Schweißhundführern. Vor allem im Sommer, wenn ein Hund nach ein paar Stunden Riemenarbeit durch große Hitze „platt“ ist, wird gegenseitige Hilfe unerlässlich und macht eine erfolgreiche Nachsuche erst möglich. Hundeführer, die solche Zusammenarbeit nicht anbieten oder wahrnehmen, dürfen nach meinem Verständnis nicht den Status einer anerkannten Schweißhundstation bekommen.

Jäger, die einen Schweißhundführer anfordern, sollten sich der Zusammenarbeit der Hundeführer untereinander vergewissern, da sonst die Gefahr besteht, dass ein Stück Wild allzu schnell „gesundgeschrieben“ wird. Bei kameradschaftlicher Zusammenarbeit der Hundeführer können so auch junge, noch unerfahrene Hunde leistungsmäßig eingebunden und vorangebracht werden. Bei allen Suchen, bei denen die Stücke aller Wahrscheinlichkeit nach noch leben, muss immer berücksichtigt werden, dass sie im Falle einer Fehlsuche wahrscheinlich qualvoll verenden werden. Schussverletzungen sind in aller Regel viel schlimmer als der Anschuss hergibt und die Stücke verenden meistens unabhängig davon, ob sie sich ihre Verletzung zusuhlen oder lecken können, wie so mancher Jäger glaubt. Und das ist nicht nur im Sommer so, da geht es möglicherweise nur etwas schneller.

Das Verenden kann Stunden, aber auch Tage, Wochen oder sogar Monate dauern.

In vier Jahrzehnten, in denen ich von verschiedenen Forstämtern nahezu alles Wild bezogen habe, waren keine zehn Stücke mit ausgeheilten Schussverletzungen. Das sollte zu denken geben!

In letzter Zeit hört man mitunter von Jägern, sie hätten den Eindruck, die Zusammenarbeit der Schweißhundführer habe sich verschlechtert, weil die sich untereinander wohl nicht alle „grün“ wären. Dieser Eindruck ist sehr zu bedauern, da es nur um die Sache gehen sollte. Da ist eigentlich kein Platz für persönliche Animositäten.

Es mag Gründe geben, warum es auch unter Schweißhundführern einmal knirscht. Wodurch der Stein im Einzelnen ins Rollen kam, ist dabei unwichtig.

Wie heißt es doch so trefflich: Wer einen Hund werfen will, findet immer einen Stein. Es ist zum Wohle des Wildes und des Ansehens der Schweißhundführer zu wünschen, dass dies nicht Schule macht. Die Jäger müssen sich darauf verlassen können, dass Schweißhundführer verantwortungsbewusst zusammenarbeiten, wenn ein junger Schweißhund zum Einsatz kommt, es einmal Probleme gibt und ein erfahrener Hund nacharbeiten muss.

Ich habe erfahren, dass in letzter Zeit mehrmals mit einem noch jungen, unerfahrenen Hund Wild nachgesucht und später verludert oder krank gefunden wurde, weil der Schweißhundführer aus nicht nachvollziehbaren Gründen die Zusammenarbeit mit anderen Hundeführern offensichtlich scheut. Wer aus mangelndem Selbstwertgefühl nicht ertragen kann, dass ein anderer hinter einem hersucht und Erfolg hat, ist charakterlich als Schweißhundführer nicht geeignet.

Man kann nur hoffen, dass an maßgeblicher Stelle einiges hinterfragt und hoffentlich geändert wird. Erfahrungsgemäß sprechen sich manche Dinge in Jägerkreisen aber schnell herum und die Sache erledigt sich zum Wohle des Wildes mit der Zeit von selbst.

Sicherlich sitzen in manchen Gegenden inzwischen zu viele an einem Tisch, obwohl der Kuchen nicht größer, sondern eher kleiner geworden ist. Fallen wegen der stark gestiegenen Zahl von Schweißhunden und Führern mit sehr unterschiedlichem Leistungsstandard für jeden Einzelnen nicht mehr so viele Nachsuchen an, dass sie auf ein Minimum von fünfzehn erschwerten Suchen kommen, steigt der Druck. Eine gesunde Konkurrenz darf aber niemals auf Kosten des Wildes gehen.

Zum Wohle und der Wichtigkeit der Nachsuchenarbeit ist es sicher besser, nicht Stein des Anstoßes zu sein, sondern lieber nach dem Stein der Weisen zu suchen. Ich bin mir sicher, dass man nicht nur Anderen, sondern auch sich selbst den größten Gefallen tut, wenn man manche Dinge etwas locker sieht.

Es gehört nicht viel Phantasie dazu, sich die Langzeitfolgen einer zu großen Zahl von Schweißhundstationen vor Augen zu führen: Es wird einige durchschnittliche Hunde (und Führer) mehr geben und die Zahl der Spitzenhunde wird sinken. Auf die kommt es aber an, wenn es gilt, zum Beispiel die Fährte einer gebrechkranken Sau über viele Kilometer ohne Bestätigung zu arbeiten und auf die Erfahrung des Führers, sie auch zur Strecke zu bringen.

Will man einen Schweißhund mit drei Jahren fit haben, was sicher wünschenswert ist, bedarf es nach meiner Erfahrung etwa 100 Einsätze im Jahr, von Ausnahmehunden abgesehen. Dabei können ungefähr dreißig „echte" erschwerte Suchen anfallen. Hat ein Hundeführer fünfzig Einsätze jährlich, wird ein Hund schon sechs Jahre alt sein, bis er wirklich gut ist. Bei diesen Einsatzmöglichkeiten kann er noch auf die für die Anerkennung einer Station erforderlichen fünfzehn „echten" schwierigen Suchen kommen, wenn es gut läuft – ohne Hinzurechnen der Strecke vom Auto bis zum Anschuss! Fallen weniger als dreißig Einsätze jährlich an, wird ein Hund ins Rentenalter kommen, um schwierigere Aufgaben lösen zu können, wenn überhaupt.

Will jemand aus diesen Möglichkeiten fünfzehn erschwerte Suchen frickeln, um die Anerkennung als Schweißhundstation zu bekommen, muss er sehr gut stricken können. Dann kann ich mir auch aus einer Hand voll Wollfäden einen warmen Winterpullover stricken.

Es kann nur im Sinne des Erfinders sein, erforderliche Schweißhundstationen mit hohem Leistungsniveau zu fördern und diese nicht einer Vielzahl zu opfern.

Ich habe geträumt, einige Schweißhundführer hätten sich in einer Kneipe getroffen, ein paar Worte deutsch miteinander geredet und gemeinsam ein paar Bier getrunken. Hinterher hätten alle über ihren eigenen Schatten springen können.

Dafür benötigt man kein breites Kreuz, sondern nur Rückgrat.

Jagdfreund Hans Krämer mit meinem Pflegehund Cora.

Danke

Mein ganz besonderer Dank gebührt Norbert Happ. Seine wertvollen Rat- und Verbesserungsvorschläge, seine Fachkenntnisse und sein Urteil waren mir sehr wichtig. Damit meine ich in erster Linie Randnotizen wie: „Vorsicht, könnte falsch verstanden werden oder in Hände von Leuten geraten, die der Jagd nicht eben wohl gesonnen sind.“ Durch solche Hinweise hoffe ich, die eine oder andere Kuh – hier Hirschkuh – vom Eis bekommen zu haben.

Ebenso gilt mein Dank den Forstbeamten für die gute Zusammenarbeit. Diejenigen, die es angeht, wissen, wen ich meine. Durch ihre Großzügigkeit und ihr Vertrauen haben sie mir sehr geholfen, dass aus meinen Hunden etwas Ordentliches wurde.

Bedanken möchte ich mich ganz besonders bei der Schweißhundführerfamilie Hüber. Durch ihre Computerkenntnisse und die Nutzung ihrer technischen Möglichkeiten haben sie mich gerade in der Anfangsphase sehr unterstützt. Rüdiger Hüber hat mich zeitnah von manchem Problem befreit. Ohne ihn wäre ich mit meinen Aufzeichnungen vor der Einweisung in ein Seniorenheim wahrscheinlich nicht mehr fertig geworden.

Als ich meinem Sohn sagte, dass ich ein Buch über einige meine Jagderlebnisse schreiben wolle, meinte er:“ sieht stark nach einer fünfziger Auflage aus. Dann kann ich endlich mal stolz auf dich sein wie andere Kinder auf ihre Väter!“ „Danke!“

Ebenfalls möchte ich mich bei allen Schweißhundführern bedanken, mit denen ich so manches Mal gemeinsam hinter krankem Wild her durch die Büsche gekrochen bin und mit denen die Zusammenarbeit einfach Spaß gemacht hat.

Und natürlich danke ich meiner lieben Frau, die so viel Verständnis für meine brotlose Kunst aufgebracht hat. Sie hat einen Platz ganz vorne verdient, vor allen Anderen.

Bunte Hunde II

1.	Juno vom Pleßhorn		(Teckel)	1965
2.	Bredas Seelzerthurm	1466	(Hann. Schweißhund)	1968
3.	Dorle von der Jachenau		(Brandl Bracke)	1975
4.	Maud vom Hessenwald	1622	(Hann. Schweißhund)	1975
5.	Baldo von der Eifel	1717	(Hann. Schweißhund)	1979
6.	Arx von der Föhrenheid	1708	(Hann. Schweißhund)	1983
7.	Bessie vom Königsforst	1722	(Hann. Schweißhund)	1994
8.	Arko vom Bassengrund	1756	(Hann. Schweißhund)	1986
9.	Dux vom Landsee	2064	(Hann. Schweißhund)	1990
10.	Hera von der Kaschubischen Heide		(Hann. Schweißhund)	1994

Kessy

Stichwortverzeichnis

Arko Goldauge

Norbert Happ (rechts) mit Beute.

Nachwuchs

Verwund danach

Philip Hinzen, Hera und Franz Bongartz

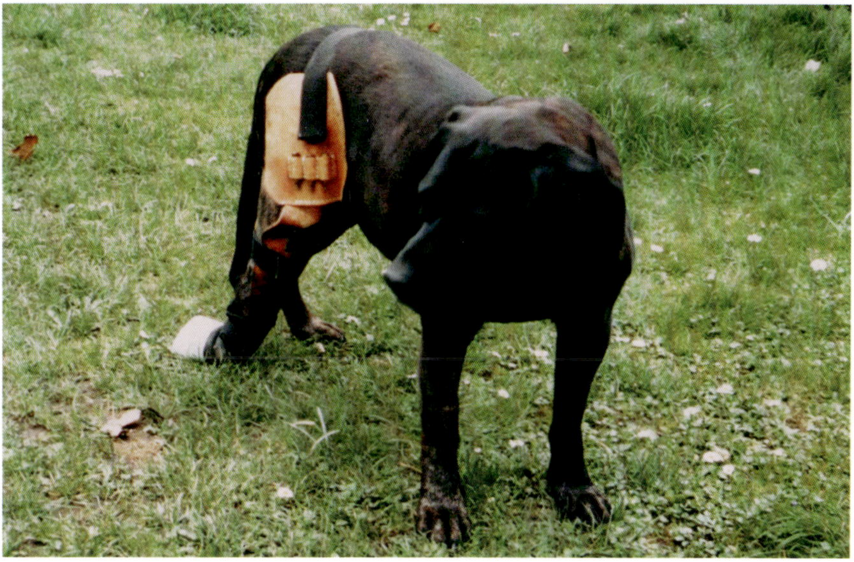

Kampfhund Hera

Hörst du mir überhaupt zu?

Im Wundbett

Bredas Schweinebacke